U0742668

光谱指纹防伪纤维的制备与性能

张技术　著

中国纺织出版社有限公司

内 容 提 要

防伪技术及其产品的研究一直都是世界各国关注的热点。随着科技的发展，防伪技术不断推陈出新，防伪纤维技术产品也是如此。本书概述了防伪技术的研究现状和趋势，着重介绍了防伪纤维的研究现状和趋势，主要研究了防伪用稀土发光材料的光谱特性，光谱指纹防伪纤维的结构和光谱特性及其应用特性，介绍并制备了两种新型光谱指纹防伪纤维。

本书可作为防伪纤维相关研究的参考用书，也可作为新型功能纤维研究的参考用书。

图书在版编目（CIP）数据

光谱指纹防伪纤维的制备与性能 / 张技术著 . -- 北京：中国纺织出版社有限公司，2021.12

ISBN 978-7-5180-9037-2

Ⅰ.①光… Ⅱ.①张… Ⅲ.①光谱—指纹—应用—功能性纤维—鉴别 Ⅳ.①TS101.3

中国版本图书馆 CIP 数据核字（2021）第 215101 号

责任编辑：苗 苗 金 昊 责任校对：寇晨晨
责任印制：王艳丽

中国纺织出版社有限公司出版发行
地址：北京市朝阳区百子湾东里 A407 号楼 邮政编码：100124
销售电话：010—67004422 传真：010—87155801
http://www.c-textilep.com
中国纺织出版社天猫旗舰店
官方微博 http://weibo.com/2119887771
三河市宏盛印务有限公司印刷 各地新华书店经销
2021 年 12 月第 1 版第 1 次印刷
开本：787×1092 1/16 印张：8
字数：150 千字 定价：78.00 元

前言

　　光谱指纹防伪纤维是一种以稀土发光材料和高分子材料为主要原料制成的新型防伪纤维，该纤维在特定的激发光作用下具有相应的发射光谱，根据发光波长或能量的分布曲线等光谱特征即可鉴别产品真伪。基于制造者独立设计的光谱指纹防伪纤维拥有类似于人体指纹的发射光谱曲线，在原料配方和工艺参数保密的情况下，非常难以被破译或仿造，防伪力度高，产业化前景广阔。

　　笔者研究该纤维已有10余年，本书主要围绕光谱指纹防伪纤维的制备和性能对以往的研究工作进行系统的总结和梳理。本书共分九章，第一章概述了防伪技术研究现状与趋势，提出了光谱指纹防伪纤维研究的必要性和研究内容。第二章至第四章主要研究了防伪用稀土发光材料的光谱特性，包括稀土铝酸锶、$SiO_2-Sr_4Al_{14}O_{25}$：Eu^{2+},Dy^{3+}/LCA复合发光材料和稀土发光材料混合体的光谱特性研究。第五章和第六章研究了光谱指纹防伪纤维的结构和光谱特性。第七章研究了光谱指纹防伪纤维的应用特性。第八章和第九章制备并研究了两种新型光谱指纹防伪纤维。

　　特别感谢江南大学葛明桥教授，在研究过程中给予的大力支持和悉心指导。同时，也感谢江南大学朱亚楠博士等项目组研究成员、美国佐治亚理工学院王幼江教授、江南大学王潮霞教授、东华大学丁彬教授、闽江学院李永贵教授等人对笔者给予的帮助和支持。

　　本书的研究过程先后得到了教育部科学研究重大项目（309016）、江苏省科技厅项目（BK20150393）、江苏省教育厅项目（15KJB540001）等科研项目，以及江苏省"六大人才高峰"资助项目（XCL-032）和"江苏省高校优秀中青年教师和校长境外研修计划"项目的资助，特此致谢。

由于作者水平有限，书中难免有疏漏、不足之处，敬请读者不吝批评指正。

张技术

2021年8月于虞山脚下

目录

第一章

绪　论

第一节　概述

一、假冒伪劣产品的危害

　　近年来，假冒伪劣产品肆意猖獗。根据OECD（经济合作与发展组织）和EUIPO（欧盟知识产权办公室）发布的《假冒伪劣商品贸易：映射出的经济影响》的报告显示，在假冒伪劣商品的总价值方面，每年全球贸易中假冒伪劣商品的总价值接近5000亿美元，占全球进口商品总额的2.5%左右；在市场研究公司Research and Markets发布的《2018年全球品牌假货报告》显示，2017年全球假冒伪劣产品总价值达到1.2万亿美元。据世界卫生组织估计，全球有10%的药品是假冒的，一些发展中国家的假冒药品则高达60%；我国假冒伪劣产品每年造成的经济损失也高达1300亿元。假冒伪劣产品不仅让国家和企业遭受重大经济损失，扰乱正常的经济秩序，甚至还会危及人民群众的身心健康和生命安全。以假酒为例，在我国，1998年发生在山西省朔州市的假酒案造成27人死亡；2011年12月，发生在印度西孟加拉邦的假酒中毒事件造成160多人死亡。2016年12月18日，俄罗斯毒酒事件造成72人中毒死亡。假冒伪劣产品种类之多、范围之广、数额之大、后果之严重令人触目惊心。假冒伪劣产品交易是全球滋长速度最快的经济犯罪行为之一，已成为仅次于"恐怖""贩毒"的世界第三大公害，引起了世界各国的重视。防伪技术、仿伪材料及防伪产品的研究已经成为世界各国普遍关注的问题。

二、防范措施

（一）制定和颁布较为完善的法规

在打击假冒伪劣产品、保护消费者权益方面，1985年4月9日，联合国大会一致通过了《保护消费者准则》促使各国采取切实措施，维护消费者的利益。世界各国都有自己的法规出台，各有特色。日本在1995年颁布了制造物责任法（简称PL法），受害的消费者只需证明受到的损害、产品的缺陷、损害与产品缺陷的因果关系，就可以向有缺陷产品的制造者、加工者和进口商索赔。美国众议院在1996年6月通过一项打假法案，决定加重对美国的一些出售假冒伪劣商品者的刑事处罚和经济制裁，规定海关有权没收和销毁进入半成品的假冒伪劣产品，罚金根据真产品价格计算，每个商标将高达100万美元。

我国很多的法律法规中都对打击假冒伪劣产品有明文规定的相应追责和处罚条款，具体如下：《中华人民共和国民法通则》《中华人民共和国产品质量法》《中华人民共和国标准法》《中华人民共和国计量法》《中华人民共和国刑法》《中华人民共和国商标法》《中华人民共和国消费者权益保护法》《中华人民共和国反不正当竞争法》《中华人民共和国广告法》《中华人民共和国药品管理法》《中华人民共和国食品卫生法》。

（二）成立政府、企业和消费者相应的机构和团体

有了比较好的法律规范，还要有相应的组织体系保证其能真正实施。法国1872年成立的制造商联合会是世界上第一个保护工业生产权和打击假冒伪劣产品的企业联合会。1898年，全世界第一个消费者组织在美国成立，1936年，建立了全美的消费者联盟。日本通产省设置了"消费者相谈室"，在各都、道、府、县以及市、町、村等各级设置了"消费者生活中心"。印度在中央、各省、各专区都设有保护消费者权益的组织，它们定期检查有关保护消费者利益的各项有关活动，监督制裁损害消费者利益的行为。澳大利亚保护消费者权益的一个重要特色是政府、企业和消费者齐抓共管。

国际消费者联盟组织（简称IOCU）把每年的3月15日定为国际消费者权益日，并规定了消费者的"四项权利"，即安全消费的权利、消费时被告知基本事实的权利、选择的权利和呼吁的权利。此后，每年3月15日，世界各地的消费者及有关组织都要举行各种活动，推动保护消费者权益运动进一步发展。1984年12月26日，中国消费者协会成立，并于1987年加入国际消费者协会。

（三）采取各种积极有效的措施阻止和打击假冒伪劣产品进入市场

我国国家质量技术监督局"关于严厉惩处经销伪劣商品责任者的意见"（国务院办公厅转发1989年6月27日）中，明确指出了哪些是伪劣产品，文件明文规定，严禁销售假冒

伪劣产品。随后，又相继出台了"国务院关于严厉打击生产和经销假冒伪劣商品违法行为的通知"（1992年）、"关于继续深入开展严厉打击制售假冒伪劣商品违法犯罪活动联合行动的通知"等政策性文件。2018年，市场监管总局办公厅下发了"关于加大打击制售假冒伪劣商品违法行为力度的通知"。这些政策和行动严厉打击了制售假冒伪劣产品犯罪行为，效果显著。

打击制售假冒伪劣产品的犯罪行为，除了从政策层面制定严厉的法律法规之外，技术层面的研究也非常重要，包括防伪技术理论研究和应用研究。防伪技术理论的研究主要是防伪体系的构成及其特色、防伪技术理论的分析、防伪技术发展的前景、辨伪体系的构成、辨伪方法的理论研究等；防伪技术的应用研究包括防伪技术产品的开发、商品内在质量的防伪、防伪新技术的应用等。通过开发防伪标识，给产品增加防伪技术标签的方法能够有效提高广大消费者对商品的防范意识和真伪鉴别能力，从而使伪劣商品无法在流通领域销售。世界各国的专家学者、技术人员等都为此做出了很大贡献。防伪技术、防伪材料及防伪产品的研究已经成为世界各国普遍关注的问题。

第二节 防伪技术研究现状与趋势

一、防伪技术的相关概念

中华人民共和国国家标准《防伪技术术语》（GB/T 17004—1997）中对防伪技术的相关名词作了定义。

防伪（anti-counterfeiting）是指防止以欺骗为目的，未经所有权人准许而进行仿制或复制的措施。

防伪技术（anti-counterfeiting techniques）是指为了达到防伪的目的而采取的，在一定范围内能准确鉴别真伪并不易被仿制和复制的技术。

防伪技术产品（anti-counterfeiting technical products）是指以防伪为目的，采用防伪技术制成的，具有防伪功能的产品。

防伪力度（anti-counterfeiting capability grade）是指识别真伪、防止假冒伪造功能的持久性与可靠程度。

二、防伪技术的发展历程

防伪技术是一种应用技术，与制伪针锋相对，不同时期、不同情况都会产生不同的防伪技术及对应的产品，且防伪力度始终高于制伪水平。正因如此，防伪技术表现出两个显著特征：技术含量越来越高；有效周期越来越短。

（一）古代防伪技术

防伪作为一种防止假冒的有效手段，在古代就已经存在并广泛使用。例如，清代小龙邮票上使用的"蛋形"太极图防伪标识，如图1-1所示，每一枚都含有一个太极图水印，而且邮票图案都采用极易溶于水的油墨印制而成，以防止人们将使用过的邮票浸泡后，洗掉邮戳再次使用。但也正是由于这个特性，小龙邮票最怕受潮，极难保存，在当时具有很高的防伪效果。再比如，宋代交子钱币的防伪，如图1-2所示，它综合运用了6种防伪技术。

图1-1　小龙张邮票的"蛋形"防伪标识　　　　图1-2　宋代交子钱币照片

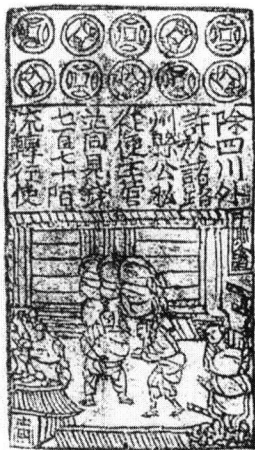

（1）精选币材：宋代选用"楮皮"川纸专门用于印钞，不准民间采购。从材料上杜绝了造假。

（2）印制图案：北宋的交子图案"用屋木人物"组成，外做花纹边框，图形复杂，造假者不易模仿。再加上"辅户押字，各自隐秘题号，先墨间结"是一种有效的防伪手段。

（3）多色套印："交子印刷"，为了安全防伪，已开始用红、蓝、黑等色，套印花纹图案及官方印章。这大约是双色及多色套印的开始。

（4）密押技术：清代的晋商采用了密押技术以防伪，如日升昌票号在1826~1921年的95年间总共换了三百套密押。据史料上记载，没有发生过一起被冒领的现象。这种一百多年前采用的防伪技术手段，至今还在银行业务中使用。

（5）防伪印章：晋商为了防伪还设计了微雕章，这种微雕章的防伪功能属于微雕防伪，微雕内容是王羲之的《兰亭序》完整的一篇，共324个字，雕刻很精细，需要很高的雕刻水平才能雕刻出来。

（6）原始水印技术：当时山西商人甚至已开始使用水印技术来保障汇票的安全。票号经严格管理，没有流失过一张使用过的汇票。人们只能从他们自己印制的钱票中见到这种原始的水印。

但古代的防伪大多以标识防伪为主，防伪鉴别方式也是以感官鉴别为主，防伪力度相对较弱，这也为伪造者提供了造假的机会。比如，张择端的佳作《清明上河图》赝品极多，而且难辨真伪。并非古代人不注重其他形式的防伪，而是受当时所处年代生产方式的限制，古代人们的生产方式主要是个体作坊式的经营方式，产品的技术个性化特征极其鲜明，生产者为了防止他人仿造，非常注重这种特征的保护，往往采取生产技术单传的方式来实现。

（二）现代防伪技术

进入20世纪之后，经济、科技飞速发展，国家相应的市场监督和制约机制却不够完备，受伪造品巨额利润的驱使，伪造者会绞尽脑汁深入研究破译和伪造的方法，使假钞票、假证明、假商品等假冒产品日益泛滥，严重影响了正常的社会和经济秩序。与此同时，与制伪相抗衡的防伪及其鉴别技术也在不断推陈出新，这就促使不同时期、不同情况会产生不同的防伪技术及相应的防伪技术产品，而且只有防伪水平高于制伪水平，才能达到防伪的目的。二者的对抗不断升级，才使防伪逐步成为一个重要的独立发展的行业。现代防伪技术具有以下四个鲜明特征。

1. 现代防伪技术的高技术性和组织的集团性

所谓高技术是指建立在现代自然科学理论和最新的工艺技术基础上，处于当代科学技术前沿，能够为当代社会带来巨大经济、社会和环境效益的知识密集、技术密集技术。高技术具有新、快、难以掌握等特点，这正适应了防伪技术的要求。各种高技术，如计算机技术、激光技术、纳米技术等，都已经应用到现代防伪技术当中。高技术在防伪技术中的应用，大大增强了防伪技术的防伪力度，延长了防伪技术的防伪生命周期。

所谓组织的集团性，主要体现在现在和将来从事防伪技术研究的必须是高素质人才的群体，不能也不会成为个体行为。因为现代防伪技术是现代高科技的一种体现，所以防伪研究组织的集团性是客观的。纵观世界技术领域，各国均对防伪人才的组织和防伪技术的研究给予了充分的重视，组织了各类研究机构并荟萃高素质人才，投入大量的人力、物力，从事防伪理论的研究、防伪技术产品的开发等。

现代防伪技术的高技术性和组织由集团性的突出体现，是世界范围内的货币防伪工作。货币防伪，主要是钞票防伪。因为钞票是货币流通的依据，它触及生活的方方面面，触及社会的各个阶层，所以世界各国几乎都耗用大量的资金，运用最先进的现代技术，投入大量的高技术人才，充分发挥集团优势，进行钞票防伪。

2. 现代防伪手段的多重性和交叉使用

从产品保护来看，多重性表现在标识防伪、结构（包装）防伪和质量防伪三个层次。目前，标识防伪使用得最成熟、最多，如印刷图案防伪、商标防伪、标签防伪等；结构（包装）防伪发展比较快，利用一次性使用和特殊结构造型的特点，使制假者造假困难，从而发挥防伪的作用；质量防伪直接作用于产品本身，为产品赋予信息和数据价值。多层次交叉使用的防伪技术越来越多，一方面是层间交叉，如酒类产品采用的"多重防伪技术"，实际上是指标识防伪和结构防伪等多层次交叉；另一方面是层内交叉，如色彩防伪与气味防伪的交叉使用。另外，防伪手段的交叉运用，还指在同一产品上应用多种防伪技术的方法，这种交叉运用大大提高了防伪力度，使造假者有心而无门。

3. 现代防伪技术的不可重复性

不可重复性是现代防伪技术发挥防伪功能的基本要求，如激光全息防伪商标，其图像是不能被他人复制的，而其使用性能也是一次性的；再如，破坏性包装结构，在设计时就赋予了它的一次性使用原则，保证了它不可重复再用。因此，现代防伪技术的应用，十分重视技术保密和技术专利。

4. 现代防伪手段的隐蔽性

各种防伪加密技术，从信息接受能力的角度而言，隐蔽性主要包括感觉隐蔽性和对仪器设备的隐蔽性。感觉隐蔽性是指利用人的视觉、听觉、味觉及其他感觉不可能接收到的防伪信息；对仪器设备的隐蔽性是指仪器设备对防伪信息没有反应，如某些文字和图像不能被复印，就意味着这种图文信息对复印机有隐蔽性。

从隐蔽技术的角度来说，可以分为以下六种。

（1）感觉隐蔽技术：这种隐蔽技术目前广泛应用，如90版50元人民币的荧光数码，在通常情况下，即在日光和一般灯光的照射下，是不可能看到的。

（2）错位效果：这是视觉隐蔽的一种。例如，全息彩虹防伪标识，从画面正面观察是一种图案，改变观察视角，将看到其他图案。

（3）信息隐蔽技术：如采用计算机技术、密码技术或类似技术，采用数字方法或其他方法将信息隐藏起来。

（4）物理隐蔽技术：如为了防止资料或文件被盗印，在资料文字上加印某种材料，有的是加印某种颜色，从而使文字上的光反射无法被复印机有效地接收，这样就无法复印。

（5）化学隐蔽技术：采用化学手段或方法将一些特性或参数隐蔽起来。

（6）生物隐蔽技术：如在某些酒中添加了若干种氨基酸，这些添加物不会改变产品原有的特征参数，不影响产品的形状、色彩、气味和其他感觉，一般情况下，是无法感知到氨基酸的存在，但通过一定的生物学方法和仪器检查酒中氨基酸的种类和含量，便可判别真伪。

三、国内外防伪技术的研究现状

世界各国都非常重视防伪技术的研究和应用。在西方发达国家，由于它们在经济和科技上占有领先优势，他们拥有最尖端的科技，将其应用于防伪技术领域，较早地开发了一些高技术和高成本的防伪技术及产品。例如，作为第一代高科技防伪技术代表的激光全息防伪标识，其专利权为美国所有，自1995年就开始批量生产，并在全世界范围内广泛使用；德国的数字水印防伪技术处于世界领先地位；法国的专利技术超薄安全塑封薄膜已在许多国家和地区的护照上应用；美国与匈牙利共同拥有的扰视图文防伪技术，适用于所有的印刷工艺，目前已在邮票、护照、包装等领域使用。

我国的防伪技术研究起步较晚，近年来，发展速度非常快，已经取得了很多成果。从全面性而言，在某些方面的研究成果我们已经领先于世界，如编码防伪查询技术、核径迹防伪技术等。但是从技术的深度上而言，与国外还存在差距。由于市场管理机制不健全等多方面的原因，目前的防伪技术参差不齐，优劣难辨，某些防伪技术产品在较短的时间内就会被造假者伪造，给用户造成了巨大的损失。我国政府和人民与假冒伪劣产品进行了抗争，组织专家开展了许多防伪技术、产品、标准体系等研究工作，取得了显著的成绩。1997年，连续发布并实施了国家强制标准——《人民币伪钞鉴别仪》（GB 16999—1997）、国家推荐性标准——《防伪全息产品通用技术条件》（GB/T 17000—1997）、《防伪技术术语》（GB/T 17004—1997）等，不仅勾勒出了我国防伪标准体系框架，而且在我国防伪技术和产品的生产和管理中起到了积极作用。

（一）按防伪技术的隐蔽性分类

防伪技术是一项实用性很强的应用技术，按防伪技术的隐蔽性分为公开的防伪技术和隐蔽的防伪技术两大类。

1. 公开的防伪技术

公开的防伪技术是可见的，很容易让使用者鉴别产品的真实性。主要技术有全息图、光学可变设备、安全线、变色薄膜、变色油墨、荧光防伪纤维、荧光油墨、雕刻印刷、防伪纸、水印、连续的产品编号等。消费者可以自行鉴别产品的真实性以及提高产品的安全性，可能需要对使用者进行培训、容易被模仿、可能会被再次使用以及使用者可能会进行错误的鉴定等；需要供应商提供很高的安全保证，使用者方面则需要适当的处理步骤，这样才能避免未经授权使用或重复使用；可能会使生产成本增加；可能会被伪造者利用来欺骗普通的消费者。

2.隐蔽的防伪技术

隐蔽的防伪技术是隐蔽、看不见的，只有具有管理和运作责任的人才有机会知道详细情况，客户既不能发现也不能证明秘密设备的存在。防伪油墨或涂料（活性墨水、UV 油墨、IR 油墨、热变色油墨）、隐藏的打印信息、数字水印、生物或化学示踪剂等，低的实现成本、不需要监督管理的批准、易于升级、能够被设备供应商或制造商灵活地实现。如果广泛使用会有被模仿的风险；而如果需要增加安全性就会增加成本；如果设备全权由单一的组件供应商经营管理就会面临很大的风险等。

（二）按防伪技术所属学科分类

防伪技术既是一项实用性很强的应用技术，又是一门跨学科的综合技术。就防伪技术所属学科角度而言，目前研究并被广泛应用的防伪技术主要有物理防伪技术、化学防伪技术、生物防伪技术和多学科防伪技术四大类。

1.物理防伪技术

物理防伪技术是指应用物理学中机械、光、热、电、磁、声以及计算机辅助识别系统建立的防伪技术。例如，应用特制的弱磁性油墨制成磁性条码建立起来的隐含磁码防伪技术；将水印等特殊防伪措施通过印刷的方式转移到纸张等印刷品上，使其具有可识别功能的特种印刷防伪技术；利用光与物质相互作用而获得某种特殊的视觉效果建立起来的激光全息防伪技术；核径迹防伪技术等。

近几年，随着计算机科学的普及应用，数字防伪技术作为现代信息化条件下的新兴技术，正成为传统防伪技术的有益补充，是证件防伪不可或缺的关键技术。在物理防伪技术中还出现了计算机与多个物理门类交叉融合的数字防伪新技术，如二维图像组合防伪技术、查询式条码防伪技术、基于 FRID 射频技术的防伪技术等。

2.化学防伪技术

化学防伪技术是指将特殊化学物质加密物添加到油墨、纸张和塑料等载体中，借助化学物质在特定条件下（如光、电、水、热、磁等）所产生的特殊化学变化（如颜色、图形及仪器检测的信号等）来判定真伪的防伪鉴别方法。其中化学防伪油墨技术是化学防伪技术中应用最广泛的一种，是通过实施不同的外界条件，如光、热、光谱检测等形式，来观察油墨印样的色彩变化达到防伪目的，目前应用的防伪油墨可以分为荧光类防伪油墨、磁性防伪油墨、紫外光油墨、变色类防伪油墨、红外防伪油墨、化学加密防伪油墨等很多品种。此外，应用较多的化学防伪技术还有如电化学防伪技术、光致变色防伪技术、热致变色防伪技术及荧光化合物的合成与利用等。

3.生物防伪技术

生物防伪技术是指利用生物本身固有的特异性标志作为防伪的措施，包括人体身份识别防伪技术（如人的指纹、掌纹、眼纹、声纹、味纹、面部特征防伪等）、抗原抗体防伪技术、DNA遗传密码及人眼视网膜血管图等。据相关文献记载,早在公元前300年,我国就有用指纹(掌纹)作为识别人身份的手段,如用作订立契约的身份识别(手印)。随着生物技术学科的发展,生物防伪技术逐渐发展起来,应用的范围也逐渐扩大。由于生物体特有的特征具有唯一性,很难被逐一模仿,将其采集后,结合个人信息制成信息识别卡,防伪力度很高。新修订的《中华人民共和国居民身份证法》明确规定居民身份证登记项目包括指纹信息,增加了其防伪力度。

4. 多学科防伪技术

随着科技的发展,单一学科的防伪技术很难达到高力度的防伪,通常将物理、化学及生物等多学科综合利用达到防伪的目的,提供的防伪产品具有难仿制性和易识别性。多学科防伪技术有两种理解:一是将两种或者两种以上防伪技术综合使用,达到防伪的目的,如第五套人民币的防伪,综合使用了水印、变色荧光纤维、光变面额数字、安全线、磁性号码等19种防伪技术。另一种理解是利用两种或两种以上学科综合开发出新的防伪技术,该技术具有交叉学科综合的多个特征,防伪力度相对较高,如电化学防伪技术、基于生物特征识别的数字水印防伪技术等。

防伪技术与诸多学科、技术,甚至边缘学科相结合,产生了今天各种各样的防伪材料与产品。这些防伪材料与产品广泛应用于人们的日常生活中,如各类商品、证券、证件、票据、货币等的防伪,同时在工业、农业、医疗、国防等领域也被广泛应用。

四、防伪技术研究的趋势

随着经济和科技的飞速发展,某些物理、化学防伪方法因防伪力度相对较低,渐渐被不法分子仿制。例如,全息激光商标的制作设备已有许多地方生产,计算机技术的发展对条形码的制作也不困难,荧光化合物也容易仿制。防伪和制伪的斗争持续而且艰巨,这也促进了防伪技术的不断更新迭代。

在众多防伪技术中,生物防伪技术由于生物体本身固有的特异性标志(指纹、DNA等)的不可重复性,非常难以伪造或仿制,因此,其防伪力度高于物理和化学防伪技术,但是很难应用到其他物体或商品上。多学科防伪技术虽然提高了防伪力度,但无疑也增加了防伪成本,很难从根本上防止伪造,如人民币就很难被伪造。因此,研制一种类似生物体本身固有的特异性标志,如指纹、DNA等,具有高防伪力度,同时又能比较容易地应用到其他物体或商品上,并且成本低、应用面广的新型防伪材料成为世界各国追求的目标。

第三节　防伪纤维的研究现状与趋势

一、防伪纤维概述

（一）防伪纤维的定义

防伪纤维作为一种线状防伪技术产品，具有质量轻、体积小，在长度、粗细、色相等特征上可调，使用方便等优点，在纸张、票据、纸币等产品上已广泛应用。正是因为防伪纤维具有上述诸多优点和应用优势，近年来，人们一直没有停止对防伪纤维的研究与开发。

（二）防伪纤维的技术特征

防伪纤维相对于普通纤维而言，具有如下特点。

（1）防伪纤维最显著的特点就是具有特定的防伪识别特征，如特定的颜色、特定的形状、特定的纹理等，且该防伪特征是唯一的、保密的、不可复制的。通过识别该特征即可判别商品的真伪。有时为了增加被伪造的难度，单根防伪纤维会同时具备多个防伪特征，从而达到更好的防伪效果。

（2）防伪纤维在性能上更加注重识别真伪、防止假冒伪造功能的持久性与可靠程度，而普通纺织纤维在性能上比较注重纤维的纺织应用性能，包括强度特性、拉伸特性、吸湿性能、染色特性、光泽感等力学性能和化学性能。当然，这并不是说防伪纤维不注重其他应用特性，防伪纤维产品开发时，除了考虑防伪识别特征的可控性之外，也要综合考虑纤维在具体应用环境下的应用特性要求。

（3）防伪纤维表面上跟普通纤维没有显著差别，只有在特定条件下，它的防伪识别特征才显现出来。例如，只有在特定的紫外光照射下，荧光防伪纤维才呈现出荧光色。

（4）防伪纤维的设计、生产和使用要求更注重方法和技巧，技术难度和保密性要求更高。

（5）防伪纤维的防伪作用通常要依附特定的产品才能发挥出来，比如，带有防伪纤维的纸张、票据等。

二、防伪纤维的研究现状

查阅有关防伪纤维研究的公开专利或文献可以将防伪纤维划分为变色类防伪纤维、荧光类防伪纤维、纹理类防伪纤维和复合类防伪纤维四个类别，尚未见与本课题将稀土发光材料与高分子材料结合制成防伪纤维相同的公开文献和专利报道。

　　本书就从上述四个主要类别对防伪纤维的近年来的研究成果进行叙述。

　　（一）变色类防伪纤维

　　变色类防伪纤维是一种具有特殊结构或组成，在受到外界环境（如光照、温度、水、酸碱等）作用后能够呈现出不同颜色的纤维。其防伪原理是在纤维成型过程中或者成型之后添加某类热敏或光敏化合物，所添加的化合物具有变色功能，从而实现纤维变色，鉴别真伪。目前，主要品种有光敏变色纤维和热敏变色纤维两种。

　　光敏变色纤维是指在某一波长光线照射下自身颜色会发生改变，待停止照射后又变回原色的纤维。1970年，美国的CYANAMIDE公司开发了一种可以吸收光线后改变颜色的织物，并将其运用到越南战争的战场上，这是最早的变色纤维。随后，日本、英国相继出现了有关变色纤维制造的专利技术。在我国，1998年，冯社永等将淡黄绿色的光致变色螺噁嗪化合物1,3,3-三甲基螺[吲哚啉-2,3'-[3H]-萘并[2,1-b][1,4]噁嗪]（简称光敏剂，变色机理为离子裂解）与聚丙烯切片共混熔融纺丝制成光敏聚丙烯纤维。研究表明，这种纤维在经紫外光照射后自身颜色从无色变成蓝色，待停止光照后又变回无色，而且具有良好的耐皂洗性和光照耐久性。由于目前开发并使用的光敏剂品种较少，存在价格高、稳定性和可逆性不持久等问题，这在一定程度上制约了光敏变色纤维的产业化。

　　热敏变色纤维是指在一定温度范围内，材料颜色随环境温度的变化而发生改变的一种智能型纤维，在医疗、防伪、印刷等工业领域中有广泛的应用和发展。1867年，Frithe发现四并苯在空气中具有热敏变色性，这是最早的热敏变色报道。热敏变色材料初期的研究多为不可逆变色，常用于示温涂料。随着市场需求和应用领域的不断增加，对热敏变色材料的研究也日益加强。日本的热敏变色材料市场规模已达20亿日元左右，美国实现了很多热敏变色产品的工业化生产，在热敏变色纤维的研究上也取得了很大的进展，在温度范围、颜色变化等方面都有很大进步。日本东丽公司在1988年通过将有热敏燃料的微胶囊添加在织物表面开发出一种温度敏感织物，并通过调整胶囊内的物质配比达到颜色随温度变化而变化。它有4种基色，可以产生出64种颜色，当温差超过5℃时，该织物的颜色便会发生变化，感温范围在-40~85℃，可针对具体用途选择不同的变色温度。

　　（二）荧光类防伪纤维

　　自斯托克斯（Stokes）于1852年发现荧光化合物以来，由于其所特有的性质而受到人们的普遍关注。随着科学技术的进步，荧光物质已经在工业、农业、医药及其他高新技术产业方面得到了广泛的应用。其中令人瞩目的就是荧光防伪技术的开发和应用，荧光类防伪纤维就是其中一种。

　　荧光类防伪纤维是将荧光化合物添加到成纤高聚物中经纺丝制成的防伪纤维，其防伪原理是通过在红外光或紫外光的照射下，观察纤维是否发出荧光来鉴别真伪。所用荧光化合物通常为一些可逆光致变色荧光化合物，在激发光照射时会产生物理或化学变化，如分子结构异构化、分子的离子裂解、分子的自由基裂解等，在某些情况下，也因能级的变化而产生光致变色现象。目前，国内外有关荧光防伪纤维的公开报道和文献资料比较少，主要有红外荧光防伪纤维和紫外荧光防伪纤维两种。红外荧光防伪纤维是通过检测纤维在红外光照射下能否发出特定颜色鉴别真伪的一种防伪纤维；紫外荧光防伪纤维是指通过检测纤维在紫外光照射下能否发出特定荧光进行真伪鉴别的防伪纤维。这两种纤维均能发射出各自不同的颜色，而且是可逆的，即当红外激发光或紫外激发光消失后，能够回复到原色。根据检测光源的不同，紫外荧光防伪纤维又分为长波长和短波长两种，也可以根据发射波长不同分为单波长、双波长等品种。早期的荧光类防伪纤维都是单波长荧光防伪纤维，已经广泛应用在防伪纸张、防伪票据等领域。

为了进一步提高荧光类防伪纤维的防伪力度，2002年，东华大学黄素萍课题组在单波长荧光防伪纤维研究的基础上又发明了双波长荧光防伪纤维，双波长荧光防伪纤维由长波长荧光化合物（激发波长为365nm）和短波长荧光化合物（激发波长为254nm）复合而成，在结构上可以是皮芯型或并列型结构。双波长荧光防伪纤维具有两种荧光，在不同波长的特殊光线照射下呈现不同的颜色，并可根据不同的需要，组合成不同颜色的系列防伪标识，相对于单波长荧光防伪纤维而言，安全性和各项应用特性均有所改善，能更好地起到防伪作用。

2006年，上海柯斯造纸防伪有限公司公布了一种光角变色荧光防伪纤维，该纤维的横截面上至少存在两种材料组分，其中一个组分含有光致发光材料，各组分材料沿纤维长度方向非扭曲平行延伸，形成具有对激发光有遮挡作用的激发光遮挡结构和具有定向朝向的定向结构，使所述纤维由自由重力落下到一个与水平面平行的平面上时，在所述平面的上方空间至少存在两个激发光的照射角度，两个角度分别照射到所述纤维上的发光色有明显的视觉差异。这种纤维具有独特的立体结构，只要移动紫外光照射的角度，该纤维的发光色彩就会发生改变，以此判断产品真伪，避免了传统纤维单一视觉特征易被模仿的缺陷。

2010年，Li等借助溶胶—凝胶法制备了一种新型聚丙烯荧光防伪纤维，该纤维具有优良的发光、耐温性和机械性能。

2012年，董相廷等采用静电纺丝技术制备了$Y_4Al_2O_9$：Eu^{3+}纳米防伪纤维，该纤维具有良好的结晶性，直径为（69.8 ± 18.2）nm，长度大于100μm，可以在发光与显示、防伪、生物标记、纳米器件等领域得到重要应用。

2014年，王蓉等通过熔融纺丝法成功制备了聚乳酸荧光防伪纤维，该纤维在紫外光激发下，在530nm处出现最强发射峰，纤维呈黄绿色荧光；随着荧光粉含量的增加，纤维的荧光强度增加，但荧光粉在基体中的团聚现象逐渐加剧，纤维的断裂强度逐渐降低。

2017年，徐圆圆等通过熔融纺丝的方法成功制备了紫外/红外双波长荧光防伪纤维，该纤维能在254nm紫外光的激发下发出红色荧光，也能在980nm红外光的激发下发射出绿色荧光，具有双重防伪效果。相同荧光粉含量情况下，具有皮芯结构的双波长荧光防伪纤维可以提高发光效率。

（三）纹理类防伪纤维

纹理类防伪纤维的防伪原理是利用纤维自身具有的特殊纹理达到防伪目的。自然界的各种纹理，如指纹、木纹、石纹、冰纹、树叶纹等都是随机的、唯一的、不可能有两个完全一样的。纹理类防伪原理与指纹识别身份的原理相同，世界上没有两个指纹一样的人，据数学家推算，两个人的指纹相同的概率小于1000亿分之一。

2009年，上海柯斯造纸防伪技术有限公司发明了一种波浪状防伪纤维及含有该防伪纤维的纸和纸板，利用纤维表面具有的特殊标志和卷曲特征达到防伪的目的。

2011年，俄罗斯合成纤维科学研究院与国企"国家标志"合作开发了以光谱反射为防伪识别特征的新型防伪纤维，开发的产品有聚酰胺短纤维、聚酯短纤维、文件用缝纫线，以及各种防伪标志。其中有原色的或染色的、单色的或多色的，能反射可见光、紫外光、红外光的和不反射紫外光和红外光的，还可以做成单组分或双组分标志、异型凹凸面标志、特殊角度的标志等，一种纤维也可兼有几种防伪特性。该纤维主要用于有价票证等纸张的防伪。该院还研制了一种"排除纤维"用于防伪技术领域，该纤维由聚酰胺和聚酯两种组分，加上带状多色聚酯纤维一起构成，目前，在国际上尚属独创。

（四）复合类防伪纤维

复合类防伪纤维是通过将两种或两种以上防伪特征相结合，实现多种特征防伪的防伪纤维。

2004年，中国货币印钞总公司的李晓伟等发明了一种复合防伪纤维，该纤维是一种具有发光涂层的非晶合金纤维，它不仅具备非晶合金纤维的电磁特性，还具备所涂覆发光材料的光学性能。其电磁特性可供仪器检测真伪，光学发光性能可供公众或"专家"鉴别真伪，实现了一线防伪、二线防伪与三线防伪的多重防伪效果，显著地增加伪造的难度。

2006年，日本Shikibo公司宣布开发出可用激光蚀刻文字和图案的新型防伪纤维。该纤维有两大特点：一是粗细只有数十纳米，却能根据需要通过激光在上面刻上文字和图案，可广泛用于知名品牌的防伪；二是自身颜色会发生变化，几乎没有褪色的危险。在这种纤维中加入特殊的发色剂，在激光照射下，发色剂就会产生变化，纤维的颜色也就随之产生变化。

2013年，高波等以常规涤纶的生产工艺参数为依据，根据组件设计原则及分配板的压力损失公式，计算出孔径及长度、压力降等相关数据，设计了生产防伪纤维的三组分复合纺丝组件，并纺丝制得了三组分复合防伪纤维，制得的三组分复合防伪纤维截面和颜色效果较好，可起到防伪作用。

三、光谱指纹防伪纤维的命名与防伪原理

研究表明，将不同稀土发光材料与不同的高分子材料相结合，或采用不同的制造工艺、不同的材料配方等制成的光谱指纹纤维有不同的发射光谱。任意改变光谱指纹纤维制备所需的纺丝原料配方和纺丝工艺参数中的一个，都会使纤维具有的发光波长、发光强度等光谱曲线特征发生不同程度的改变。因此，基于制造者独立设计的光谱指纹纤维拥有的发射光谱曲线，类似于人体指纹，具有唯一性，在原料配方和工艺参数保密的情况下，非常难以被破译或仿造。因此，将这种防伪纤维命名为光谱指纹防伪纤维。

光谱指纹防伪纤维与荧光防伪纤维具有不同的防伪原理。荧光防伪纤维是通过检测纤维是否发出特定的荧光辨别真伪，方法简便，具有大众防伪的显著特征，而光谱指纹防伪纤维则是根据纤维在特定激发光照射下具有的发光波长（颜色）或能量的分布曲线（发射光谱曲线）等光谱特征鉴别产品真伪，其中发光谱线的鉴别需要借助专门仪器，因此，该纤维具有大众防伪和专家防伪的双重特征。

光谱指纹防伪纤维用于防伪检测时的发射光谱曲线存在两种情况。

（1）在激发光照射下测得的发射光谱曲线，该发射光谱属于光致及时发射光谱，而非余辉发射光谱。

（2）在激发光照射一定时间并停止一定时间之后测得的发射光谱曲线，该发射光谱属于余辉发射光谱，不同于光致及时发射光谱。这两种发射光谱曲线都可以作为光谱指纹防伪纤维的检测光谱曲线，进行真伪鉴别。随后，本书将对光谱指纹防伪纤维的防伪原理与特性展开详细的研究和论述。

四、防伪纤维的研究趋势

从防伪纤维的研究历程不难看出，随着科学技术的进步，防伪技术也在不断更新，防伪纤维产品更新换代。变色类防伪纤维、荧光类防伪纤维主要是通过检测纤维在特定情况下是否呈现特定颜色或者发射荧光来辨别真伪，该防伪识别方法容易操作，评判标准单一，但各防伪纤维之间缺乏互异性，很容易被模仿，防伪力度相对偏弱。纹理类防伪纤维因具有类似自然界的纹理的随机性、唯一性和不可复制性，难以被仿制，具有较高的防伪力度。复合类防伪纤维具有大众防伪特征、可机读防伪特征以及可"专家"分析的多重防伪特征，防伪力度相对较高。因此，防伪纤维的制备技术也要从单一学科领域向多学科领域渗透，将单一的工艺技术与多学科先进的防伪技术相结合，研究出具有多学科背景、高技术含量的防伪纤维，成为防伪纤维研发的重要趋势。

第二章

防伪纤维用稀土铝酸锶发光材料的
光谱特性研究

第一节　概述

一、光谱指纹防伪纤维用稀土发光材料的种类与特性要求

　　由于光谱指纹防伪纤维与传统荧光纤维具有不同的防伪原理，因此，在发光材料种类的选择上也不完全相同，主要不同之处体现在所选发光材料的发光特性上。目前，开发的光谱指纹防伪纤维主要是通过添加长余辉类稀土发光材料制备而成，如稀土铝酸锶发光材料（如 $SrAlO_4：Eu^{2+},Dy^{3+}$）、稀土硅酸盐发光材料（如 $SrMgSiO_2：Eu^{2+},Dy^{3+}$）等。

　　（一）稀土元素的光谱特征

　　稀土发光材料是光谱指纹防伪纤维的发光来源和核心原料，对纤维的发光具有决定性影响。元素周期表从57号到71号的镧La、铈Ce、镨Pr、钕Nd、钷Pm、钐Sm、铕Eu、钆Gd、铽Tm、镝Dy、钬Ho、铒Er、铥Tm、镱Yb、镥Lu 15种镧系元素以及ⅢB族的21号的钪Sc和39号的钇Y共17种元素被称为镧系元素，又称稀土元素，他们具有未充满的4f电子层，除了 La^{3+} 和 Lu^{3+} 离子的4f电子层全空或全满外，其他稀土元素的4f电子能够在7个4f轨道之间自由排列，因此能够产生丰富的光谱项和能级，能级跃迁通道多达20余万个。通常，具有未充满的4f电子亚层的原子或离子的光谱大约有30000条可被观察到的谱线；具有未充满的d电子亚层的过渡元素的谱线约有7000条；而具有未充满的p电子亚层的主族元素的光谱线约有1000条[42]。稀土元素的电子能级和谱线比普通元素丰富得多，能够吸收或发射从紫外光、可见光到红外光区多种波长的电磁辐射。稀土离子丰富的能级和4f电子的跃

进特性以及稀土发光材料基质结构的不同，使不同稀土发光材料具有不同的发射光谱特性[43-45]，发射光谱曲线变化丰富。我国稀土资源丰富，稀土发光材料种类繁多，这为光谱指纹防伪纤维的研制和生产提供了丰富的原料来源。

（二）稀土长余辉发光材料的种类及特征

稀土长余辉发光材料的种类繁多，通常以 Eu^{2+} 或 Eu^{3+} 为发光中心，共掺杂 Dy^{3+}、Ce^{3+} 和 Nd^{3+} 等稀土离子的碱土金属发光材料最为常见，围绕其获得的研究成果也较多。根据稀土长余辉发光材料的基质不同可以分为硫化物、铝酸盐、硅酸盐和钛酸盐等。这些稀土长余辉发光材料具有以下优点。

（1）高效率发光。这些稀土长余辉发光材料具有较高的激发光敏感性，其在激发光波段具有较高的量子效率，被广泛应用于电光源以及可见光显示领域。

（2）余辉时间长。使用稀土元素制备的稀土长余辉发光材料的发光亮度可持续时间长，在移除激发光后依然可以长时间释放光能。

（3）化学稳定性好。稀土长余辉发光材料作为无机物具有良好的抗氧化性能、耐辐射性和抗紫外线性。将其长时间暴露在空气和一些特殊环境下，对材料的发光性能影响不大。

（4）无毒无害、无放射性。传统的硫化物长余辉发光材料余辉性能较差，所以，会在其中添加放射性元素来提高其发光亮度和余辉时间，其中的放射性物质会对人类和环境造成严重的危害。但是，稀土长余辉发光材料不需要添加任何放射性元素，仅依靠稀土元素特殊的电子层结构来储存能量，对人体和环境不造成危害。

（三）发光材料的选择要求

针对光谱指纹防伪纤维的纺丝工艺和实际应用要求，对发光材料的选择提出以下适用性要求。

（1）耐热性要求。聚合物基材的熔点决定纺丝过程要有一定的纺丝温度，如涤纶在纺丝过程中最高温度达290℃，这对稀土发光材料提出了耐热性要求。即经受高温之后，所用稀土发光材料的分子结构、发光性能等能够保持不变。

（2）粒径要求。目前的纺丝工艺与设备状况要求稀土发光材料粒径不能太大，所用稀土发光材料必须在特定的粒径分布范围。实验证明粉体粒径小于10μm基本能够满足纺丝的要求。

（3）稳定性要求。光谱指纹防伪纤维的防伪原理是通过检测其在特定激发光作用下的发射光谱曲线鉴别真伪，因此，该发射光谱曲线的稳定性很重要。这里的稳定性主要是指光谱指纹防伪纤维发射光谱曲线的持久性与可靠性，即在经历很多外界条件之后，该发射光谱曲线能够保持不变。而这种稳定性的保持，在很大程度上取决于所选稀土发光材料的发光稳定性，也就是说，所选稀土发光材料应具有经受一定外界环境考验的发光稳定性。

（4）安全性要求。光谱指纹防伪纤维的使用与人们生产生活息息相关，因此，要保证无毒无害，无辐射性，对环境无污染。所使用的发光材料对人体要绝对安全，符合人类清洁、无公害、可持续性发展要求。

原则上，符合上述四点要求的稀土发光材料均可作为制造光谱指纹防伪纤维的防伪原料。但并非所有满足上述要求的稀土发光材料都能用来制备光谱指纹防伪纤维，需综合考虑光谱指纹防伪纤维的防伪特性要求，这与开发者对纤维防伪特征的设计有关。

二、稀土铝酸锶发光材料概述

稀土铝酸盐发光材料具有稳定的物理和发光性能，是最早开发光谱指纹防伪纤维使用的核心发光原料。

稀土铝酸锶发光材料是新一代碱土铝酸盐发光材料，与金属硫化物发光材料相比，具有发光亮度高、发光效率高、余辉发光时间长、化学性质稳定、对人体无害等优点，已经被用作节能灯荧光粉、发光陶瓷、发光玻璃、发光塑料、发光水泥、发光涂料和发光油墨等，应用于消防、交通、军事、建筑装潢和艺术画显示等领域。该发光材料的相转变温度在650℃以上，这保证了其在特定温度下的发光稳定性，采用高温固相法制造的稀土铝酸锶粒径分布广泛，经筛选完全可以达到纺丝工艺的要求。因此，它是一种适合制造光谱指纹防伪纤维的防伪原料。

自1946年，Froelich发现$SrAlO_4：Eu^{2+}$的发光特性，引起了各国学术界和工业界的广泛关注。1968年，Palilla发现了$SrAlO_4：Eu^{2+}$余辉特性，使稀土铝酸锶的研究进入一个新的阶段。20世纪60~70年代的研究成果主要用于荧光灯和阴极射线管领域。进入20世纪90年代以后，人们再次注重对$SrAlO_4：Eu^{2+}$余辉特性的研究。国内学者肖志国、宋庆梅、张天之等，国外学者松尺隆嗣、Matsuzawa T、Kamada M等相继研究并报道了稀土铝酸锶发光材料的合成、发光特性与发光机制，不仅提高了稀土铝酸锶的发光性能，还提出了新的余辉发光机制。在随后的几年，很多专家和学者对稀土铝酸锶的制造方法进行了一些探索性研究，如溶胶—凝胶法、燃烧法、微乳液法、共沉淀法、微波法、水热合成法等，研究成果为碱土铝酸盐发光材料合成工艺的改进和发光性能的改善提供了强大的理论和实验依据。

从所查阅的相关文献资料分析可知，有关稀土铝酸锶的研究主要集中在发光机理、探索新的制备方法、寻找最佳工艺配方、改善余辉发光性能等方面。所制备的铝酸锶发光材料也主要用于制作节能灯、发光陶瓷、发光玻璃、发光塑料、发光水泥、发光涂料和发光油墨等，在照明、消防、交通、军事、建筑装潢和艺术画显示等领域均得到了广泛应用。尚未见从防伪应用的角度研究稀土铝酸锶光谱特性变化规律，也未见将其与高分子材料相结合制造防伪纤维，并应用于防伪技术领域的报道。

本章采用高温固相合成工艺制备了稀土铝酸锶样品，借助XRD、荧光分光光度计等仪器和测试技术，从防伪应用的角度系统地研究了烧结温度、助熔剂添加量、激活剂掺杂量和Al/Sr比率对其发射光谱特性的影响。

第二节　实验部分

一、样品制备

选择比较成熟的高温固相法制备光谱指纹防伪纤维用稀土铝酸锶发光材料，具体的制备工艺路线如图2-1所示。

首先，根据样品要求设定产物化学式，并按照化学式规定的计量比（以物质的量计）准确称取 Al_2O_3、$SrCO_3$、Eu_2O_3 和 Dy_2O_3 和预定量的 H_3BO_3。然后，将称取预定原料放入研钵中充分混合30min后，倒入烧杯中，为了保证原料的充分均匀混合，再加入适量无水乙醇，超声分散15min。待无水乙醇挥发后，在80℃条件下烘干，研磨后，装入氧化铝方舟，再置入高温管式炉中，在弱还原气氛下（$5\%H_2+95\%N_2$），以10℃/min的速度升至设定温度，焙烧，并在设定时间下恒温使之充分反应，反应结束后，自然冷却。所得产物经再次研磨、筛选后得到所需粉末样品。

合成原料的纯度对稀土发光材料的发光性能会产生很大的影响，要求必须达到分析纯以上，因此，在课题研究中选用了纯度较高的合成原料。

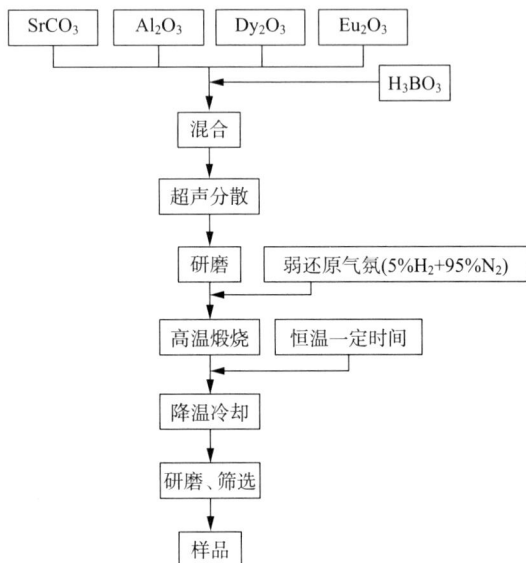

图2-1　稀土铝酸锶发光材料的制备工艺流程图

二、测试方法

（一）物相结构

采用德国Bruker AXS公司的D8 Advance 型X-射线衍射仪分析样品的物相结构。具体测试条件与方法：采用铜靶 CuK_α（$\lambda=0.154\ 06nm$），功率为1600W（40kV×40mA），扫描范围为1°~70°，扫描速度4°/min。

（二）光谱特性

采用日本日立公司生产的HITACHI 650-60型荧光分光光度计测试扫描样品的发射光谱。具体测试条件与方法：氙灯作激发光源，狭缝宽度为1~5nm，发射波长为518nm，扫描速度120nm/min，室温环境。

第三节　结果与讨论

一、烧结温度的影响

烧结温度是高温固相合成工艺的一个关键参数，烧结温度的高低直接影响最终产物的状态和发光性能。烧结温度的高低与反应原料各组分的熔点、扩散速度和结晶能力以及基质特性有关，组分间的扩散速度和结晶能力越小，需要的煅烧温度就越高。此外，是否使用助熔剂也对此有一定的影响。一般以基质组分中最高熔点的2/3为宜，需由具体实验要求确定具体温度。

本实验在原料配方一致的条件下，通过改变烧结温度进行了5次烧结实验，并对样品进行相关测试。具体实验方案见表2-1。

表2-1　稀土铝酸锶发光材料样品的制备方案

序号	原料配方	煅烧温度/℃	恒温时间/h	降温方式
1	按照化学通式$SrAl_2O_4$：$Eu^{2+}_{0.025}$,$Dy^{3+}_{0.025}$进行原料配比，H_3BO_3的加入量为混合物总量的5%（摩尔）	1200	4	自然冷却
2	按照化学通式$SrAl_2O_4$：$Eu^{2+}_{0.025}$,$Dy^{3+}_{0.025}$进行原料配比，H_3BO_3的加入量为混合物总量的5%（摩尔）	1250	4	自然冷却
3	按照化学通式$SrAl_2O_4$：$Eu^{2+}_{0.025}$,$Dy^{3+}_{0.025}$进行原料配比，H_3BO_3的加入量为混合物总量的5%（摩尔）	1300	4	自然冷却
4	按照化学通式$SrAl_2O_4$：$Eu^{2+}_{0.025}$,$Dy^{3+}_{0.025}$进行原料配比，H_3BO_3的加入量为混合物总量的5%（摩尔）	1400	4	自然冷却
5	按照化学通式$SrAl_2O_4$：$Eu^{2+}_{0.025}$,$Dy^{3+}_{0.025}$进行原料配比，H_3BO_3的加入量为混合物总量的5%（摩尔）	1500	4	自然冷却

（一）对产物外观的影响

不同烧结温度条件下制备的样品外观见表2-2。

表2-2　不同烧结温度条件下制备的样品外观

序号	烧结温度/℃	外观状态	亮度
1	1200	块状，呈淡黄绿色，疏松，易研磨	较弱

序号	烧结温度/℃	外观状态	亮度
2	1250	块状，呈淡黄绿色，硬脆，易研磨	较强
3	1300	块状，呈黄绿色，硬脆，易研磨	强
4	1400	块状，呈黄绿色，坚硬，难研磨	强
5	1500	块状，有熔融痕迹，呈黄绿色，坚硬，难研磨	强

从表2-2可以看出，稀土铝酸锶发光材料随着温度的升高，外观形貌发生很大变化。在1200℃时，产物为淡黄绿色疏松块状物，容易研磨，发光亮度较弱。随着温度的升高，产物的颜色由淡黄绿色变成黄绿色，虽然产物均为块状，但硬度变大，1500℃时，产物变成了难研磨的坚硬块状物，还出现了熔融痕迹。虽然发光亮度很高，但很难研磨。

（二）对产物物相结构的影响

本实验抽取1200℃、1300℃、1400℃、1500℃条件下制得的稀土发光材料进行物相结构检测。图2-2给出了不同烧结温度下制得稀土铝酸锶发光材料样品的XRD。

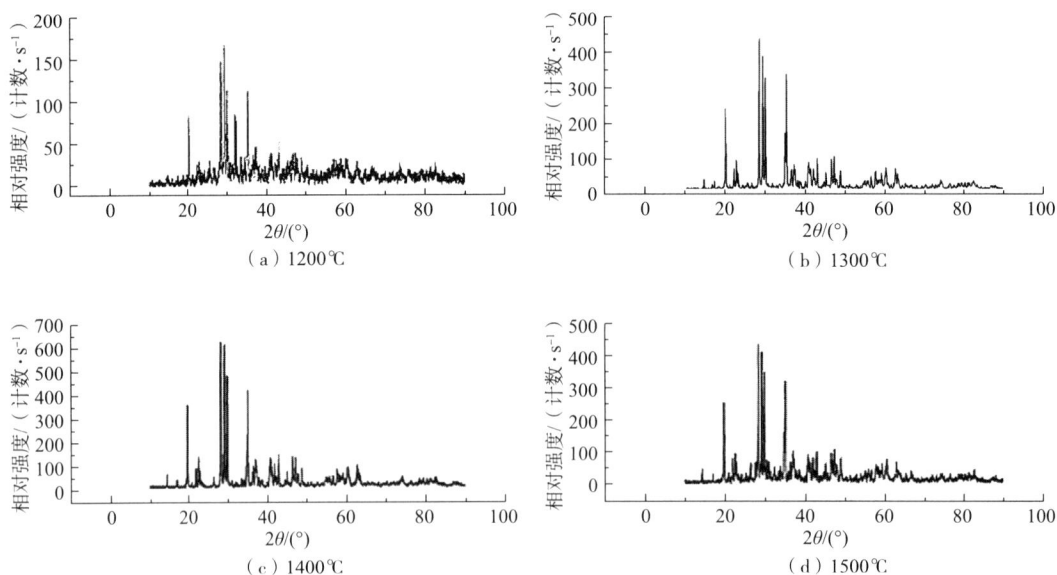

（a）1200℃　　　　（b）1300℃　　　　（c）1400℃　　　　（d）1500℃

图2-2　不同烧结温度下制备的SAOED的XRD图谱

由图2-2可以看出，不同烧结温度条件下制备的稀土铝酸锶的XRD图谱中衍射峰均呈尖锐峰形，在2θ位于20.1°、28.5°、29.3°、35.1°处出现的衍射较强。结合相应的MDI软件分析，对照JCPDS卡片（No：34-0379）可知，主晶相为α-SrAl₂O₄，晶格常数为

a=0.8442nm，b=0.8822nm，c=0.5161nm，β=93.415°，$\alpha=\gamma$=90.000°。在1200℃时，最终产物中有$SrCO_3$的衍射峰存在，说明该温度下反应没有进行完全。其他温度下的XRD图谱中，除去α-$SrAl_2O_4$的衍射峰外未见其他明显衍射峰，说明煅烧产物不含其他的晶相，最终产物的主相无变化，为$SrAl_2O_4$纯相。对比分析图2-2中每个样品的XRD图谱，还可以看出，不同温度下衍射峰强度随温度的变化呈现出先增强后减弱，在1200℃时较弱，1400℃最强，1500℃时又变弱。

（三）对产物发射光谱的影响

图2-3给出了不同温度条件下制得的稀土铝酸锶样品的发射光谱。

从图2-3可以看出，随着烧结温度的升高，稀土铝酸锶发射光谱的波形和峰位基本没有发生变化，但发光强度出现升高后降低的变化规律，且在1400℃时达到最强。这是由于在稀土铝酸锶制造过程中，首先Eu^{3+}被还原形成Eu^{2+}，然后Eu^{2+}离子取代Sr^{2+}离子的格位，形成发光中心。温度较低时，只有部分Eu^{2+}进入晶格中，发光中心浓度较低，导致发光强度不高；温度越高，Eu^{2+}离子在晶格中的扩散能力越强，越容易进入晶格，随着烧结温度的不断升高，Eu^{2+}进入晶格的数量逐渐增加，发光中心的浓度增大，从而使发射强度增加，当其完全进入时达到最佳。这与XRD测试结果一致。但当温度过高时，烧结产物体积收缩严重，有熔融痕迹，材料的发光性能反而降低。此外，随温度升高，烧结产物硬度增加，难以研磨，在材料筛选过程中，晶格破坏较严重，从而造成发光亮度降低。

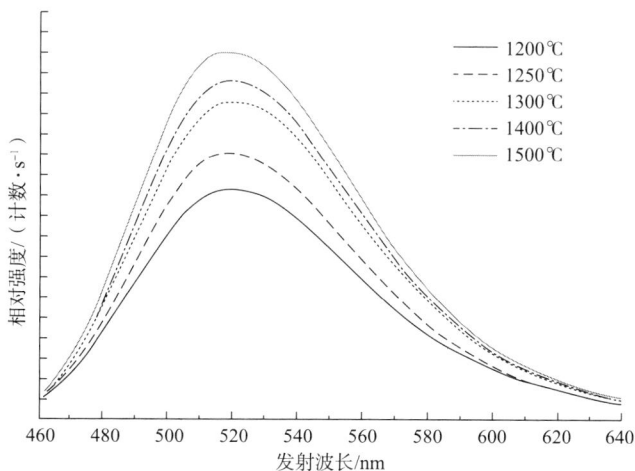

图2-3　不同温度下制得的稀土铝酸锶样品的发射光谱

由此可见，烧成温度对稀土铝酸锶的发射光谱曲线影响很大。即使原料配方相同，在不同温度下制得的稀土铝酸锶发射光谱曲线也不完全相同，因此，可以通过控制发光材料的烧制温度，得到不同发光强度谱线特征的稀土铝酸锶。

二、助熔剂的影响

助熔剂的作用主要是降低反应温度、促使激活剂进入晶格形成发光中心及陷阱中心。由于助熔剂具有熔点低、活性高等优点，在固相反应体系中，通过添加少量助熔剂，能够起到促进反应进行的作用，从而可以降低反应所需温度。常用的助熔剂有硼酸、卤化物、碱金属和碱土金属的盐类。助熔剂含量的高低不仅影响反应的温度，还对材料的发光性能产生影响。

为了考察助熔剂用量对稀土铝酸锶发射光谱的影响，本实验在保持其他实验条件不变的情况下，掺杂不同添加量的硼酸作为助熔剂制备了5种样品进行测试，分析了硼酸添加量对发光材料光谱特性的影响。具体实验方案见表2-3。

表2-3　稀土铝酸锶发光材料的制备方案

序号	原料配方	煅烧温度/℃	恒温时间/h	降温方式
1	按照化学通式 $SrAl_2O_4 : Eu^{2+}_{0.025}, Dy^{3+}_{0.025}$ 进行原料配比，H_3BO_3 的加入量为混合物总量的2%（摩尔）	1300	4	自然冷却
2	按照化学通式 $SrAl_2O_4 : Eu^{2+}_{0.025}, Dy^{3+}_{0.025}$ 进行原料配比，H_3BO_3 的加入量为混合物总量的5%（摩尔）	1300	4	自然冷却
3	按照化学通式 $SrAl_2O_4 : Eu^{2+}_{0.025}, Dy^{3+}_{0.025}$ 进行原料配比，H_3BO_3 的加入量为混合物总量的10%（摩尔）	1300	4	自然冷却
4	按照化学通式 $SrAl_2O_4 : Eu^{2+}_{0.025}, Dy^{3+}_{0.025}$ 进行原料配比，H_3BO_3 的加入量为混合物总量的15%（摩尔）	1300	4	自然冷却
5	按照化学通式 $SrAl_2O_4 : Eu^{2+}_{0.025}, Dy^{3+}_{0.025}$ 进行原料配比，H_3BO_3 的加入量为混合物总量的20%（摩尔）	1300	4	自然冷却

（一）对产物外观的影响

不同硼酸添加量条件下制备的稀土发光材料的外观状态见表2-4。

表2-4　不同硼酸添加量条件下的样品外观

序号	H_3BO_3添加量（摩尔）	外观状态	亮度	主晶相
1	2%	块状，呈淡黄绿色，疏松，易研磨	较弱	$SrAl_2O_4$
2	5%	块状，呈黄绿色，硬脆，易研磨	强	$SrAl_2O_4$

序号	H₃BO₃添加量（摩尔）	外观状态	亮度	主晶相
3	10%	块状，呈黄绿色，硬脆，难研磨	强	$SrAl_2O_4$
4	15%	块状，有熔融痕迹，呈黄绿色，坚硬，难研磨	较强	$SrAl_2O_4$
5	20%	块状，体积收缩，呈黄绿色，坚硬，难研磨	弱	$SrAl_2O_4$

从表2-4可以看出，硼酸添加量的变化对反应产物的外观影响较大，但产物的主晶相没有发生明显改变。在加入量为2%时，产物为淡黄绿色疏松块状物，容易研磨。加入量增大到5%时，产物颜色由淡黄绿色变成了黄绿色，由疏松块状物变成了硬脆块状，容易研磨。随着硼酸添加量的继续增大，产物的硬度变大，当添加量为15%时，产物出现了熔融痕迹，产物亮度也有所降低。当添加量为20%时，亮度降低更为明显。这是由于加入过量的硼酸会使反应玻璃相增多，产物硬度大，难研磨，且产物的发光亮度会降低。

（二）对发射光谱的影响

图2-4是不同硼酸添加量的条件下制备的稀土铝酸锶的发射光谱。从图2-4中可以看出，随着H₃BO₃添加量的增加，稀土铝酸锶发射光谱的波形和峰位基本没有发生改变，但发光强度呈现出先增加后降低的变化规律，在硼酸添加量为5%（摩尔）时达到最强。这是由于H₃BO₃熔点较低，在反应过程中为$SrAl_2O_4$的形成提供一种液相环境，使反应体系中的扩散动力增大且液相扩散介质增加，扩散形式由面升级为体，明显增加了反应物之间的相互接触，加速了反应的进程。这有利于Eu^{2+}进入晶格形成发光中心，相应的晶格中的发光中心浓度增大，因此，稀土铝酸锶的发射强度随着硼酸用量的增大而增强。但当掺入硼酸

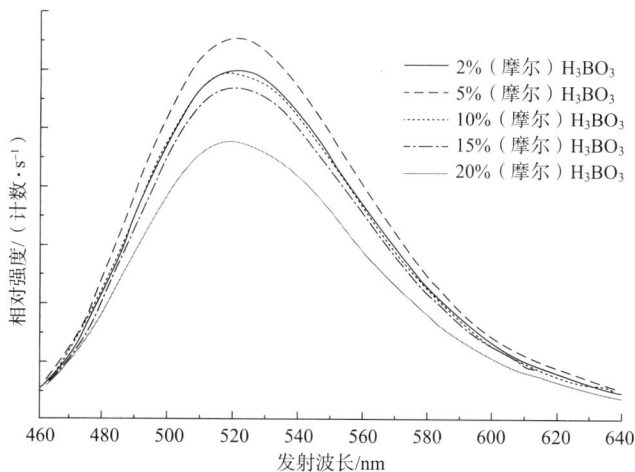

图2-4　不同硼酸添加量下制得的稀土铝酸锶样品的发射光谱

量过多时，材料发生烧结现象，形成玻璃态，特定情况下还会在合成反应过程中形成杂质晶体，使得稀土铝酸锶的发光强度降低。

由此可见，助熔剂不仅影响了反应的过程，还影响了稀土发光材料的发光强度。即使原料配方和烧成温度相同，添加不同量的硼酸制得的稀土铝酸锶发射光谱曲线也不完全相同。

三、激活剂Eu^{2+}、Dy^{3+}的影响

激活剂是指掺入发光材料基质晶体使其拥有良好发光性能的杂质，对材料的发光有重要作用，影响甚至决定发光材料的发光亮度和颜色。辅助激活剂是指与激活剂共存于基质晶体中，起到增强激活剂发光作用的物质。主激活剂在发光材料发光过程中的作用是产生空穴，形成发光中心，辅助激活剂起到转移空穴和捕获空穴的作用。通过控制二者的掺杂量可以制备具有不同发光特性的发光材料。稀土元素具有丰富的能级和电子跃迁特性，使得稀土离子具有优越的能量转换功能，因此，一般选取稀土离子作为主激活剂。

为了观察激活剂对稀土发光材料发射光谱特性的影响，本实验在保持其他实验条件不变的情况下，制备了9种不同Eu^{2+}、Dy^{3+}掺杂量的稀土铝酸锶样品进行测试。具体制备方案见表2-5。

表2-5　稀土铝酸锶发光材料样品的制备方案

序号	原料配方	煅烧温度/℃	恒温时间/h	降温方式
1	按照化学通式$SrAl_2O_4$：Eu^{2+}_x,$Dy^{3+}_{0.025}$进行原料配比，H_3BO_3的加入量为混合物总量的5%（摩尔），$x^①=0.005$	1300	4	自然冷却
2	按照化学通式$SrAl_2O_4$：Eu^{2+}_x,$Dy^{3+}_{0.025}$进行原料配比，H_3BO_3的加入量为混合物总量的5%（摩尔），$x=0.015$	1300	4	自然冷却
3	按照化学通式$SrAl_2O_4$：Eu^{2+}_x,$Dy^{3+}_{0.025}$进行原料配比，H_3BO_3的加入量为混合物总量的5%（摩尔），$x=0.025$	1300	4	自然冷却
4	按照化学通式$SrAl_2O_4$：Eu^{2+}_x,$Dy^{3+}_{0.025}$进行原料配比，H_3BO_3的加入量为混合物总量的5%（摩尔），$x=0.035$	1300	4	自然冷却
5	按照化学通式$SrAl_2O_4$：Eu^{2+}_x,$Dy^{3+}_{0.025}$进行原料配比，H_3BO_3的加入量为混合物总量的5%（摩尔），$x=0.45$	1300	4	自然冷却
6	按照化学通式$SrAl_2O_4$：$Eu^{2+}_{0.025}$,Dy^{3+}_y进行原料配比，H_3BO_3的加入量为混合物总量的5%（摩尔），$y^②=0.01$	1300	4	自然冷却
7	按照化学通式$SrAl_2O_4$：$Eu^{2+}_{0.025}$,Dy^{3+}_y进行原料配比，H_3BO_3的加入量为混合物总量的5%（摩尔），$y=0.02$	1300	4	自然冷却

续表

序号	原料配方	煅烧温度/℃	恒温时间/h	降温方式
8	按照化学通式 $SrAl_2O_4$：$Eu^{2+}_{0.025}$,Dy^{3+}_y,进行原料配比，H_3BO_3 的加入量为混合物总量的5%（摩尔），y=0.04	1300	4	自然冷却
9	按照化学通式 $SrAl_2O_4$：$Eu^{2+}_{0.025}$,Dy^{3+}_y,进行原料配比，H_3BO_3 的加入量为混合物总量的5%（摩尔），y=0.05	1300	4	自然冷却

注 ① x 为 Eu^{2+} 的掺量，以物质的量计。
  ② y 为 Dy^{3+} 的掺量，以物质的量计。

（一）对产物物相结构的影响

选取1#、3#和6#样品进行物相测试，结果如图2-5所示。

由图2-5可以看出，不同 Eu^{2+}、Dy^{3+} 掺量制得的稀土铝酸锶衍射峰均呈尖锐峰形，在 2θ 位于20.1°、28.5°、29.3°、35.1°处出现的衍射较强。结合相应的 MDI 软件分析，对照

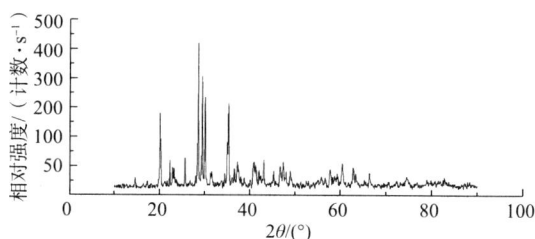

（a）1#

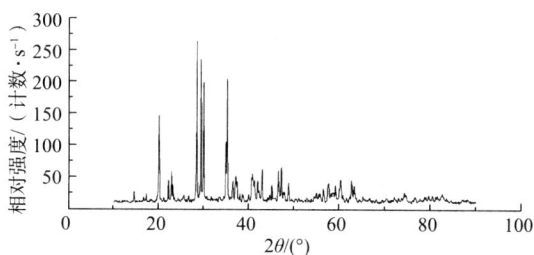

（b）3#

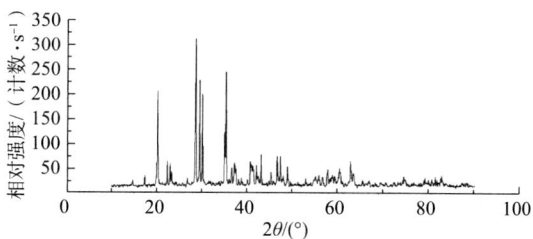

（c）6#

图2-5　不同 Eu^{2+}、Dy^{3+} 掺量稀土发光材料的XRD图谱

JCPDS卡片（No：34-0379）可知，该物质为$SrAl_2O_4$，所得样品都属于α-$SrAl_2O_4$的晶体结构，其晶格常数为：$a=0.8442nm$，$b=0.8822nm$，$c=0.5161nm$，$\beta=93.415°$，$\alpha=\gamma=90.000°$。而且在XRD图谱中未发现其他明显衍射峰，表明制备的样品中不含其他的晶相，最终产物的主相无变化，为$SrAl_2O_4$纯相。由此可以得出结论，激活剂Eu^{2+}、Dy^{3+}的加入没有改变铝酸锶的主晶相。

（二）对产物发射光谱的影响

图2-6和图2-7分别给出了不同Eu^{2+}、Dy^{3+}掺量制备的稀土铝酸锶发光材料的发射光谱。从图2-6和图2-7可以看出，激活剂Eu^{2+}和辅助激活剂Dy^{3+}掺量的变化没有对稀土铝酸锶的波形和发射峰位置造成影响，说明基质晶体场结构没有发生改变。这与XRD测试结果相吻合。但二者掺量的改变对发光材料的发射峰强度影响较大。

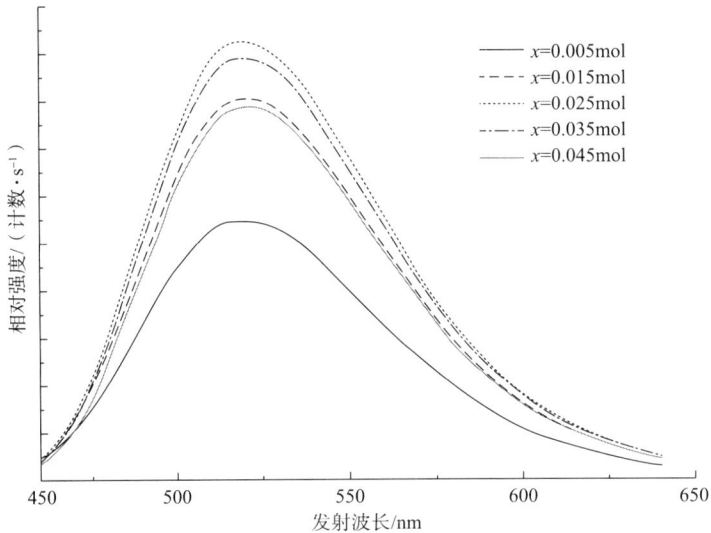

图2-6　不同Eu^{2+}掺量制得的稀土铝酸锶样品的发射光谱

如图2-6所示，随着Eu^{2+}掺量的增大，开始时材料的发光强度明显增强，当Eu^{2+}的掺量为0.025mol时达到最强，然后随着Eu^{2+}掺量的继续增加，发射峰强度开始降低。激活剂Eu^{2+}是发光中心，随着Eu^{2+}掺量的增加，进入晶格的发光中心数量逐渐增加，因此，在开始时随Eu^{2+}掺量的增加，发光强度逐渐增强。但当晶格中发光中心离子超过一定掺量时，在发光中心离子之间、发光中心离子与非发光中心离子（淬灭中心）之间会发生能量的转移。当发光中心离子与淬灭中心之间的距离达到临界距离时，能量转移概率与单个离子的光子发射概率相等。过多的Eu^{2+}导致二者的距离更近，使能量转移概率大于光子发射概率，Eu^{2+}所具有的能量不得不传递给周围的晶格缺陷，发生非辐射跃迁，产生浓度淬灭现象，导致发光强度降低。故而，当掺量超过0.025mol时，发生了浓度淬灭现象，导致发光亮度下降。

如图2-7所示，随着Dy^{3+}掺量的增大，开始时材料的发光强度逐渐增强，当Dy^{3+}掺量为0.025时达到最强，然后，随着Dy^{3+}掺量的继续增加，发射峰强度开始降低。铕镝共掺杂的稀土铝酸锶发光材料中激活剂Eu^{2+}是发光中心，辅助激活剂Dy^{3+}是缺陷中心，发光强度的高低由掺入晶格的Eu^{2+}的密度大小决定。由于原料配方中Dy^{3+}离子含量越高，相应的Sr^{2+}的含量相对减少，使得Eu^{2+}占据Sr^{2+}晶格位置的概率变大（Eu^{2+}比Dy^{3+}易于取代Sr^{2+}）。因此，随着Dy^{3+}掺量的增大，发光中心浓度逐渐增加。同时，由于Dy^{3+}的掺入在基质中产生了较深的陷阱能级，能够捕获和存储电子，干扰了Eu^{2+}的激发电子弛豫回到基态的过程。当Dy^{3+}的加入量和Eu^{2+}的加入量达到一定比例时，Eu^{2+}（发光中心）和Dy^{3+}（缺陷中心）之间的距离最近，此时形成深浅合适的陷阱能级深度和适量的电子数，二者形成最佳的协同效应，从而使发光材料的发光强度最佳。但是，当Dy^{3+}含量超过这一值时，同样会产生浓度淬灭效应，致使发光亮度降低。

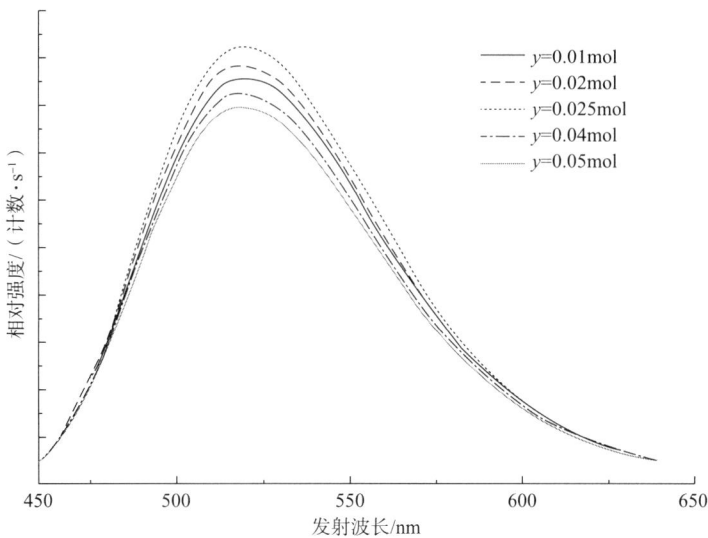

图2-7　不同Dy^{3+}掺量制得的稀土铝酸锶样品的发射光谱

综上所述，Eu^{2+}和Dy^{3+}掺量的变化并未对稀土铝酸锶发光材料产物的晶体结构造成明显改变，但影响了产物的发光强度，通过控制二者的掺量与配比，可以得到具有不同发光强度特征的防伪发光原料。

四、基质组成的影响

由于4f电子受外层$5s^2 5p^6$的屏蔽，晶体场和周围环境（包括共价性和阳离子大小等因素）对其影响较小，而5d层电子处于裸露状态，受晶体场和周围环境对其光谱特性影响较大。晶体场越强，Eu^{2+} 的 $4f^65d^1$ 能级劈裂越大；Eu^{2+} 与周围氧离子的共价作用的不同，决定着劈裂程度的差异。作为基质的铝酸锶三元化合物，具有多种分子结构形态，如 $Sr_3Al_2O_4$、$SrAl_2O_4$、$Sr_4Al_{14}O_{25}$ 等。基质组成比例的变化将影响发光晶体场的强度和 Eu^{2+} 的存在环境，进而对 Eu^{2+} 的电子跃迁产生影响，并最终影响稀土发光材料的光学特性。可见，原料配比的确定关系最终产物的发射光谱特性。

为了考察基质组成对稀土发光材料发射光谱特性的影响，在保持其他试验条件不变的情况下，本实验改变 Al/Sr 比值（1.7，1.8，2，2.2，3.5 和 8.0）制备了不同基质组成的铝酸锶发光材料。具体实验方案见表2-6。

表2-6　稀土铝酸锶发光材料样品的制备方案

序号	原料配方	煅烧温度/℃	恒温时间/h	降温方式
1	按照化学通式 $Sr_bAl_aO_4：Eu^{2+}_{0.025},Dy^{3+}_{0.025}$ 进行原料配比，H_3BO_3 的加入量为混合物总量的5%（摩尔），$a/b=1.7$	1300	4	自然冷却
2	按照化学通式 $Sr_bAl_aO_4：Eu^{2+}_{0.025},Dy^{3+}_{0.025}$ 进行原料配比，H_3BO_3 的加入量为混合物总量的5%（摩尔），$a/b=1.8$	1300	4	自然冷却
3	按照化学通式 $Sr_bAl_aO_4：Eu^{2+}_{0.025},Dy^{3+}_{0.025}$ 进行原料配比，H_3BO_3 的加入量为混合物总量的5%（摩尔），$a/b=2$	1300	4	自然冷却
4	按照化学通式 $Sr_bAl_aO_4：Eu^{2+}_{0.025},Dy^{3+}_{0.025}$ 进行原料配比，H_3BO_3 的加入量为混合物总量的5%（摩尔），$a/b=2.2$	1300	4	自然冷却
5	按照化学通式 $Sr_bAl_aO_4：Eu^{2+}_{0.025},Dy^{3+}_{0.025}$ 进行原料配比，H_3BO_3 的加入量为混合物总量的5%（摩尔），$a/b=3.5$	1300	4	自然冷却
6	按照化学通式 $Sr_bAl_aO_4：Eu^{2+}_{0.025},Dy^{3+}_{0.025}$ 进行原料配比，H_3BO_3 的加入量为混合物总量的5%（摩尔），$a/b=8$	1300	4	自然冷却

（一）对产物物相结构的影响

图2-8是不同 Al/Sr 比值条件下制备的稀土铝酸锶发光材料的XRD图谱。从图2-8中可以看出，当 Al/Sr 比值在1.7~2.2变化时，产物的晶相组成并没有发生明显改变，主晶相为 Sr_2AlO_4。这表明 Al/Sr 比值在较小范围内变化时，对烧结产物的晶相组成并没有造成显著的影响。当 Al/Sr 比值继续变大时，产物的衍射峰位置发生了改变，当 Al/Sr 比值为3.5时，检测样品的主晶相为 $Sr_4Al_{14}O_{25}$ 的纯相。可见，Al/Sr 比值的变大影响了产物的晶体结构组成。

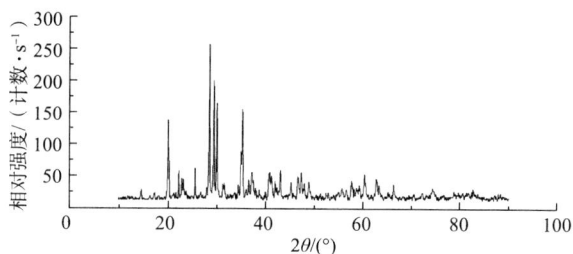

（a）2#

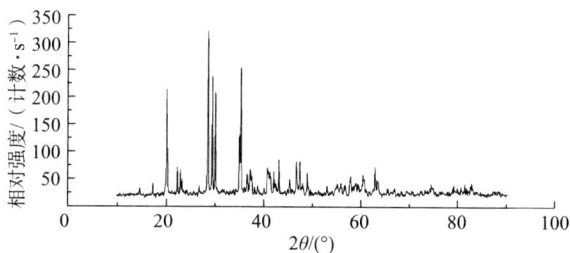

（b）3#

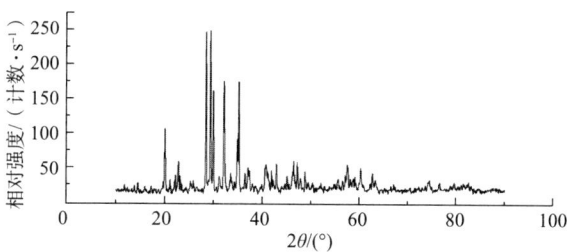

（c）4#

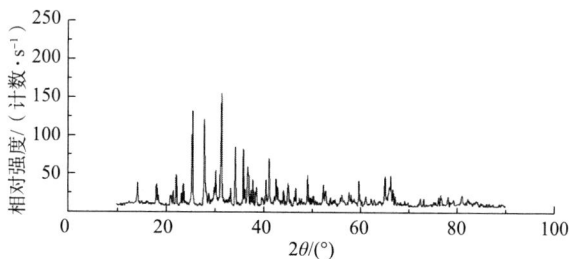

（d）5#

图2-8　不同Al/Sr比值条件下制备的稀土铝酸锶发光材料的XRD图谱

（二）发射光谱

图2-9给出了不同Al/Sr比值制得的稀土铝酸锶的发射光谱。

从图2-9中可以看出，随着Al/Sr比值的增加，发射光谱峰位开始没有改变，随后出现蓝移，光色也从黄绿光向短波长方向移动，最终过渡到紫光。同时，发射峰强度也呈现出有规律的变化。

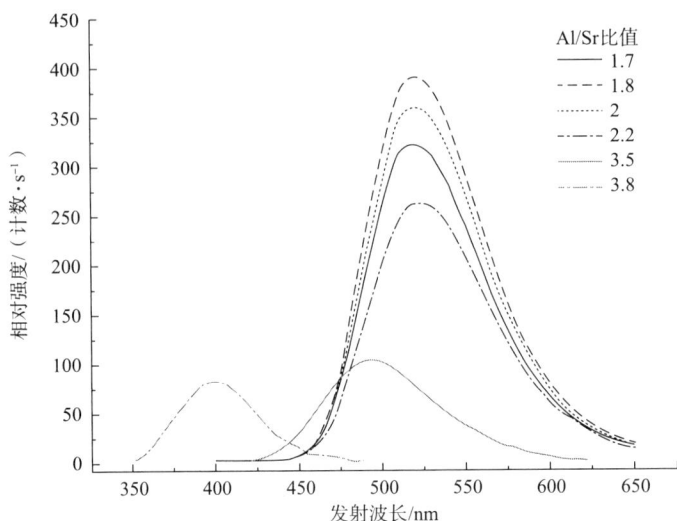

图2-9　不同Al/Sr比值制得的稀土铝酸锶样品的发射光谱

　　普遍认为发射强度的高低与晶格中Eu^{2+}的浓度有关，Eu^{2+}的浓度越高，发射强度越大。而发光波长的变化是由辐射跃迁的能级差决定，与发光中心晶体场结构变化有关。因为Eu^{2+}的发光归属于$4f^6 5d^1$—$4f^7$电子跃迁，而4f电子受外层$5s^2 5p^6$的屏蔽，晶体结构对其影响较小，而5d电子因裸露于外层，未完全屏蔽，受晶场影响较大，故而稀土铝酸锶的晶体结构对其光谱特性影响很大。基质构成的变化导致其晶体结构存在明显差别，致使晶格中Eu^{2+}离子所受晶体场的作用力不同，5d能级产生的劈裂程度不同，进而引起劈裂能级的高低变化，最终影响Eu^{2+}的发射波长，造成稀土铝酸锶发光颜色的变化。由XRD分析结果可知（图2-8），当Al/Sr比值在1.7~2.2变化时，发光中心晶体场结构变化不大，主晶相为$SrAl_2O_4$，故而烧结产物稀土铝酸锶的发射光谱曲线形状和波长没有发生变化。由于当反应物体系大于2/1时成为富Al体系，当反应物体系小于2/1时成为富Sr体系，富Al体系比富Sr体系更有利于Eu^{2+}，Dy^{3+}替代晶格中Sr^{2+}的位置，这导致Al/Sr比值不同时，进入晶格的Eu^{2+}的掺量不同。因此，当Al/Sr比值在1.7~2.2变化时，产物的发射峰强度呈现先增大后降低的变化趋势。当Al/Sr比值继续变大时，产物的晶相构成发生了变化，发光中心晶体场对Eu^{2+}的作用力发生了变化，原有的Eu^{2+}的能级水平遭到破坏。

　　图2-10是富Sr体系和富Al体系在紫外光激发发光过程中Eu^{2+}电子能级跃迁示意图。从图中不难看出，Eu^{2+}的5d能级产生的劈裂程度是不一样的，富Al体系中的5d能级与基态能级的距离较远，因而激发时吸收的能量和辐射跃迁时放出的能量比富Sr体系高，故而随着基质Al/Sr的增加，样品的发射光谱波长发生了过渡性变化，从黄绿光向蓝紫光短波长方向移动。

　　综上所述，Al/Sr比值的变化改变了反应产物的晶相组成，影响了稀土铝酸锶的发射强

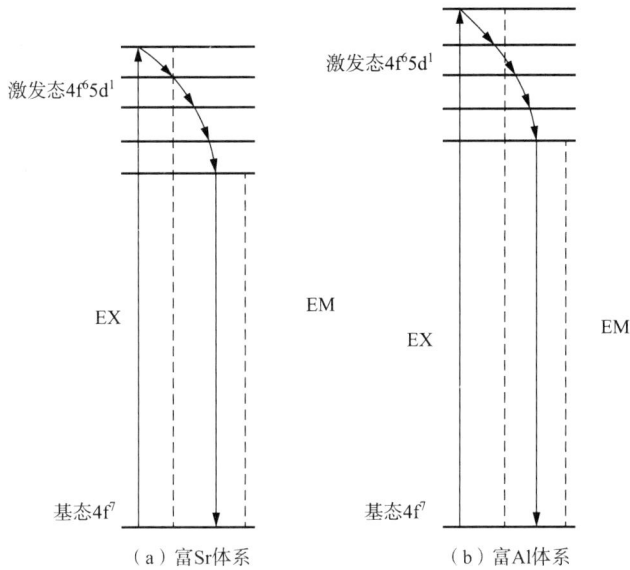

图2-10　Eu^{2+}电子能级跃迁示意图

度和发射波长，不同Al/Sr比值制得的稀土铝酸锶具有不同的发射光谱特征，因此，通过改变Al/Sr比值可以制得丰富多样的防伪发光原料。

本章小结

　　采用高温固相法制备了不同的稀土铝酸锶发光材料，从防伪应用的角度深入分析了煅烧温度、助溶剂用量、Eu^{2+}与Dy^{3+}掺量、基质比例等制备因素对发光材料结构及光谱特性的影响，得到如下结论。

　　（1）烧结温度的变化对稀土铝酸锶发射波长没有影响，但对其发光强度影响很大。发光强度随烧结温度的升高开始时逐渐增强，在1400℃时达到最强，随后开始降低。

　　（2）助熔剂的添加量对稀土铝酸锶发射波长没有影响，但对其发光强度影响很大。随着助熔剂的用量的增加，发光材料的发光强度在开始时逐渐增强，当达到0.05时达到最强，随后开始降低。

　　（3）Eu^{2+}、Dy^{3+}掺量对稀土铝酸锶发射波长没有影响，但对其发光强度影响很大。当二者的掺量相当时，协同效应最佳，发光强度最强。

　　（4）Al/Sr比值的变化对稀土铝酸锶的发光强度和波长都有很大影响。随着Al/Sr比值的增加，发射光谱峰位开始没有改变，随后出现蓝移，光色也从黄绿光向短波长方向移动，最终过渡到紫光。

由此可见，烧结温度、助熔剂添加量、Eu^{2+}与Dy^{3+}掺量、Al/Sr比值等制备稀土发光材料的原料配方和制备工艺对其发射光谱影响很大。上述各因素中的任何一个发生改变都会造成稀土发光材料发射光谱特征发生改变，在原料配方和制备工艺保密的情况下，该发射光谱曲线非常难以被破译或仿制。由于适合制造光谱指纹防伪纤维用的稀土发光材料种类繁多，稀土铝酸锶仅是其中一种，发射光谱曲线就如此丰富多变，因此，从防伪发光原料来说，光谱指纹防伪纤维的防伪力度就非常高。

第三章

防伪用 SiO_2-$Sr_4Al_{14}O_{25}$ ：Eu^{2+},Dy^{3+}/LCA 复合发光材料的制备及发光性能研究

第一节 概述

作为众多稀土发光材料中的一种，掺杂铕离子和镝离子的稀土铝酸盐，由于其具有余辉长、光强和色纯度高的优点，近年来备受关注。但其光色有局限性，黄红色发光材料难以实际应用。近年来，人们对各种新型稀土发光材料进行了研究，获得了新型荧光粉，如 Y_2O_3：Eu、$CaAl_{12}O_{19}$：Mn^{4+}、Mg_2TiO_3：Mn^{4+}等。然而，单纯添加稀土和碱土元素很难提高发光强度。因此，有机—无机复合长余辉发光材料应运而生。

无机—有机杂化材料结合了有机组分和无机组分的优点，一方面可以改善原始材料的表面性能，另一方面使无机粉体材料更加易于在有机基体中均匀分散，得到了广泛的研究，并应用于光学材料、陶瓷材料和生物材料等领域。为了得到颜色更加丰富、性能更稳定、与聚合物相容性更好的稀土发光材料原料，近年来，很多学者借鉴无机—有机杂化材料的制备技术开展了稀土发光材料包覆改性的研究。例如，Sourav Das 报道的长余辉荧光粉:染料包覆介孔 SiO_2/$SrAl_2O_4$：Eu^{2+}，Dy^{3+}，通过机械研磨分散，组合方法为物理吸附，结构稳定性和均匀性不够好。此外，江南大学的朱亚楠制备了一种新型复合荧光粉 $SrAl_2O_4$：Eu^{2+}，Dy^{3+}/LCA，该转光剂通过硅氧烷与铝酸锶结合，实现了绿光向红光的转换，但键合不够强，荧光粉颜色相对简单。这些工作为暖色发光材料的研究提供了一个新的方向。

借鉴以往的研究成果，采用溶胶—凝胶技术将 SiO_2 和 LCA 附着在 $Sr_4Al_{14}O_{25}$：Eu^{2+}，Dy^{3+} 粒子表面，其中硅前驱体通过硅氧键接枝到稀土铝酸锶表面，再用硅烷偶联剂与无机部分结合。这样可以在发光粉上涂覆网状二氧化硅，且有机—无机缔合反应在低温条件下便于

控制。更重要的是，混合物的分布可以是更加均匀的，它提供了更多的机会在分子水平上掺入组分。与$SrAl_2O_4$：Eu^{2+}，Dy^{3+}/LCA相比，化学键合法有望提高材料的结构稳定性，使发光材料更具有颜色可控的特性。事实上，硅网络可以诱导铝酸锶表面的晶体缺陷，而不是破坏发光粉的结构。

第二节　实验部分

一、样品制备

选取自制$Sr_4Al_{14}O_{25}$：Eu^{2+},Dy^{3+}（3~25μm），硅烷KH-560（CP），硫酸（AR），$Na_2SiO_3 \cdot 9H_2O$（AR），光转化剂$C_{28}H_{29}O_3N_2Cl$（CP），乙二醇（AR）和超纯去离子水。采用溶胶—凝胶法制备了$xSr_4Al_{14}O_{25}$：Eu^{2+},Dy^{3+}/yLCA（x=0~10%，y=5%）包覆$xSr_4Al_{14}O_{25}$：Eu^{2+},Dy^{3+}/yLCA。以$Sr_4Al_{14}O_{25}$：Eu^{2+},Dy^{3+}（2g）和乙二醇（20mL）为原料，在烧杯中搅拌，超声均匀分散。首先将稀硫酸（0.2mol/L）和Na_2SiO_3溶液（0.25mol/L）缓慢加入烧杯中，调节pH至10，然后在70℃下搅拌4h，制得Na_2SiO_3凝胶，将附着在$Sr_4Al_{14}O_{25}$：Eu^{2+},Dy^{3+}表面，脱水后生成SiO_2网状结构。在乙二醇体系中加入5%LCA、1.5%硅烷偶联剂和包覆的发光粉（在乙二醇体系中有良好的悬浮性），在80℃下搅拌6h，干燥后得到复合荧光粉。

二、测试方法

（一）物相结构

用X射线衍射仪对$Sr_4Al_{14}O_{25}$：Eu^{2+},Dy^{3+}和复合荧光粉的晶体结构进行了表征，用Cuk_α（λ=1.5406）对其晶体结构进行了表征。

（二）微观形貌

用扫描电镜观察其微观形貌。

（三）元素分析

用附在SEM仪器上的X射线探测器进行元素分析测试。

（四）红外光谱

红外光谱由红外分光度计采集，扫描范围 $500\sim4000cm^{-1}$，分辨率为 $4cm^{-1}$，扫描次数 32 次。

（五）光谱特性

在荧光光谱仪上记录荧光光谱和颜色坐标，激发狭缝宽度为 2mm，发射狭缝宽度为 0.2mm。

第三节 结果与讨论

一、物相结构

图 3-1 给出了 $Sr_4Al_{14}O_{25}$：Eu^{2+},Dy^{3+} 和复合发光粉（$x=8\%$，$y=5\%$）的 XRD 图谱。不难看出，X 射线衍射图与标准 PDF 文件（No.52-1876，见表 3-1）很好地匹配。$Sr_4Al_{14}O_{25}$ 在 2θ 为 $25.4°$、$27.8°$、$31.4°$、$34.2°$、$35.8°$、$41.1°$、$49.0°$ 和 $66.1°$ 时均有明显的峰。它们均为正交晶胞结构，但在 $27.1°$ 处出现一个弱峰，其特征峰为二氧化硅。$Sr_4Al_{14}O_{25}$：Eu^{2+},Dy^{3+}，复合发光粉和 PDF 卡的晶格常数如表 3-1 所示。晶胞参数和衍射峰的高度一致表明，经包覆后，发光粉的晶体结构保持完整。在溶胶—凝胶过程中，由于在 $Sr_4Al_{14}O_{25}$：Eu^{2+},Dy^{3+} 表面形成了二氧化硅网络，硅离子没有进入晶格，晶体结构没有被破坏。因此，该结构保证了 $Sr_4Al_{14}O_{25}$：Eu^{2+},Dy^{3+} 的成功吸收和发光。这样就可以实现稀土铝酸锶向 LCA 的光能量转移。

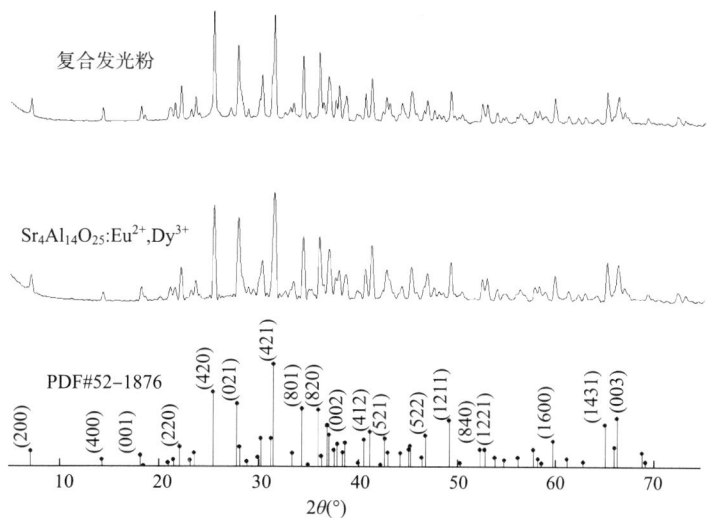

图 3-1 样品的 X 射线衍射图及 PDF 卡编号 52-1876

表3-1　样本格常数及PDF文件编号52-1876

样品	a	b	c
$Sr_4Al_{14}O_{25}$：Eu^{2+}, Dy^{3+}	4.8759	8.4895	24.7350
复合发光粉	4.8870	8.4710	24.7974
PDF（No.52-1876）	4.8863	8.4859	24.7910

二、微观形貌

图3-2给出了$Sr_4Al_{14}O_{25}$：Eu^{2+},Dy^{3+}和复合发光材料的SEM照片。从图3-2（a）可以看出，由于采用高温固相反应法制备了$Sr_4Al_{14}O_{25}$：Eu^{2+},Dy^{3+}，以及球磨过程中产生许多不同粒径的颗粒，因此，$Sr_4Al_{14}O_{25}$：Eu^{2+},Dy^{3+}表面有许多细小的粒子。图3-2（b）显示表面包覆的小颗粒和网状结构层，分别为LCA颗粒和SiO_2网络。在溶胶—凝胶法制备的二氧化硅网络中，偏硅酸钠与稀硫酸反应生成氢氧化硅胶体粒子，与$Sr_4Al_{14}O_{25}$：Eu^{2+},Dy^{3+}表面的羟基结合，再通过氢氧化硅胶体颗粒间的缩合反应生成水合二氧化硅。因此，硅网络是通过共价键在发光粉表面形成的，而网状二氧化硅表明二氧化硅在发光粉上分布均匀。同时，由于硅烷偶联剂水解过程中产生的—Si（OH）$_3$与无机物相连接，而且硅烷偶联剂的有机官能团可以与LCA结合，从而使LCA通过化学键连接到发光粉上。最后，将硅光转换剂与$Sr_4Al_{14}O_{25}$：Eu^{2+},Dy^{3+}结合，得到有机—无机复合发光粉。

（a）$Sr_4Al_{14}O_{25}$：Eu^{2+},Dy^{3+}　　　　　（b）复合发光材料

图3-2　样品的SEM照片

三、EDS测试

从图3-3中的EDS谱可以看出，除了O、Al、Sr、Eu和Dy元素之外，还有其他存在元素在涂层上。碳、氮元素及氯来自LCA，硅来自二氧化硅。此外，微量杂质元素硫和钠来自Na_2SiO_3和H_2SO_4的反应产物。这表明存在物质的含量与标明成分非常接近。这些结果证

明了二氧化硅和LCA被成功地附着在发光粉体上。

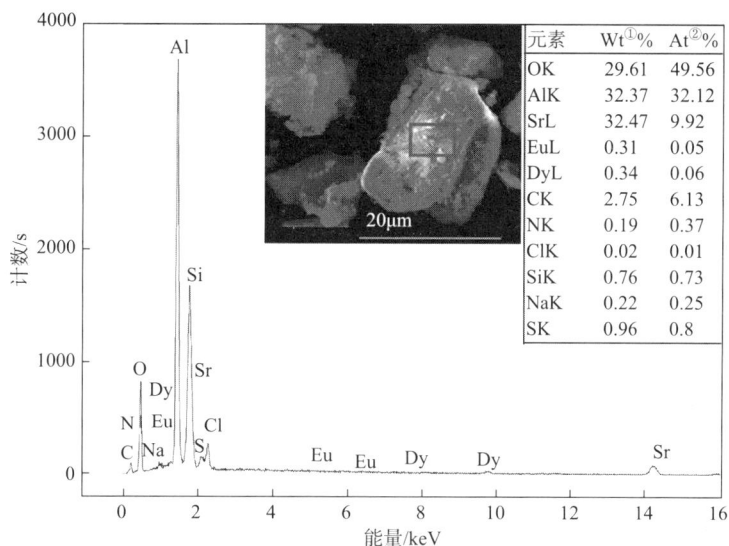

元素	Wt[①]%	At[②]%
OK	29.61	49.56
AlK	32.37	32.12
SrL	32.47	9.92
EuL	0.31	0.05
DyL	0.34	0.06
CK	2.75	6.13
NK	0.19	0.37
ClK	0.02	0.01
SiK	0.76	0.73
NaK	0.22	0.25
SK	0.96	0.8

图3-3　复合发光粉的EDS谱

注　①Wt表示质量百分比　②At表示原子数百分含量

图3-4中第一个图是复合发光粉的电子显微镜，其余三个图表示复合发光粉中组分的分布情况。由于Sr、Si和C三种元素在$Sr_4Al_{14}O_{25}$：Eu^{2+},Dy^{3+}、SiO_2和光转换剂的组成中具有特异性，因此，Sr、Si和C分别代表$Sr_4Al_{14}O_{25}$：Eu^{2+},Dy^{3+}、SiO_2和光转化剂。Sr的图谱证明了该粒子完全是铝酸锶，Si的图谱表明SiO_2在$Sr_4Al_{14}O_{25}$：Eu^{2+},Dy^{3+}表面很好地分散，而C的图谱表明光转换剂已涂覆在荧光粉上。从上面的图表可以看出，该结构不仅是简单的混合，而且是化学结合。

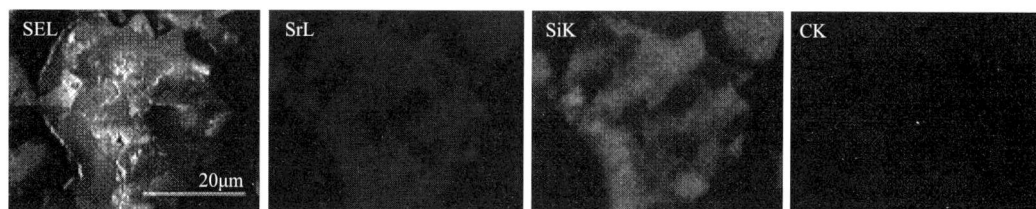

图3-4　复合发光粉的EDS分布

四、FTIR图谱

图3-5给出$Sr_4Al_{14}O_{25}$：Eu^{2+},Dy^{3+}和复合发光材料的红外光谱。与原始发光材料相比，复合发光材料的光谱出现了新的峰。例如，1552cm^{-1}附近的弱带是由C—C骨架的拉伸振动

引起的，1460cm^{-1}的吸收峰是由C—H的弯曲振动引起的。另外，在1150~950cm^{-1}，由于SiO$_2$形成于Sr$_4$Al$_{14}$O$_{25}$表面，并产生Si与Al之间的键合，因而与Si—O—Si和Si—O—Al的拉伸振动有关。因此，不同吸收峰的重合导致了宽波段的出现。另外，3447cm^{-1}和1643cm^{-1}的O—H吸收峰强度较原荧光粉明显增强，属于羟基键的特征吸收峰，而不是游离的羟基，因为网状结构的二氧化硅对Sr$_4$Al$_{14}$O$_{25}$具有较高的活性。结果表明，由于涂层的存在，分子间羟基键明显增加，这可归因于Si—OH的生成。此外，这些化学键的出现表明，SiO$_2$和LCA与Sr$_4$Al$_{14}$O$_{25}$：Eu^{2+},Dy^{3+}和—Si—O—键实际上是结合的介质。

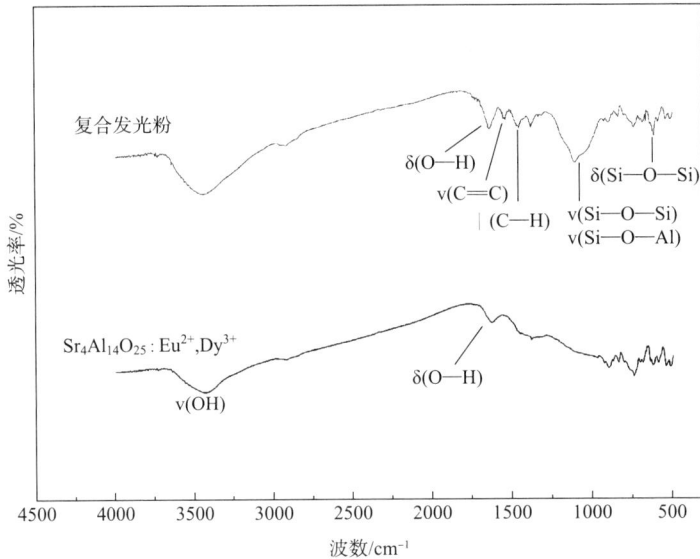

图3-5 Sr$_4$Al$_{14}$O$_{25}$：Eu^{2+},Dy^{3+}及其复合发光粉的FTIR图谱

五、激发和发射光谱

如图3-6（a）所示，最强激发峰位于600nm附近。吸收光谱范围由近紫外和可见光构成。前两个吸收峰（300nm、360nm）属于Sr$_4$Al$_{14}$O$_{25}$：Eu^{2+},Dy^{3+}吸收，420nm处的吸收峰属于LCA的吸收。从图可以看出，当二氧化硅的添加量从0增至2%时吸收的强度明显增强，相反，从2%增至10%的时候，吸收强度呈现下降态势。此外，LCA的吸收强度随着二氧化硅添加量的增加有明显的下降。结果表明，二氧化硅对LCA有损伤作用，因此，LCA的首次吸收过程不能正常完成。上述现象表明，二氧化硅包覆对低于2%的Sr$_4$Al$_{14}$O$_{25}$：Eu^{2+},Dy^{3+}吸收具有活性效应，且浓度高于2%的二氧化硅包覆会降低LCA的吸收效率。

如图3-6（b）所示，在360nm激发光条件下观察样品的发射光谱。第一个发射峰归因于Eu^{2+}典型的4f^{6}5d^1—4f^{7}跃迁。600nm左右的峰属于LCA的发射峰，蓝移效应随

SiO_2从0增加到2%而减弱，发生15nm蓝移。而当SiO_2从2%增加到10%时，只产生7nm蓝移。这表明，SiO_2对LCA的初次吸收有一定的破坏作用。同时，一致波形特征表明$Sr_4Al_{14}O_{25}$：Eu^{2+},Dy^{3+}和LCA的结构完整性在一定程度上保持良好。由于涂层表面羟基的增加，形成了与带正电荷的LCA基团和氢键结合的羟基。同时，LCA的负电荷基团与二氧化硅和$Sr_4Al_{14}O_{25}$：Eu^{2+},Dy^{3+}的路易斯酸发生静电相互作用，导致LCA发色团的正电荷局域化影响了发色团的π键电子云。结果表明，LCA的一级吸收降低，发射峰发生蓝移。氢键和二氧化硅之间的静电相互作用导致红色区域的蓝移和强度下降，不同浓度的二氧化硅对发色团有不同程度的影响。

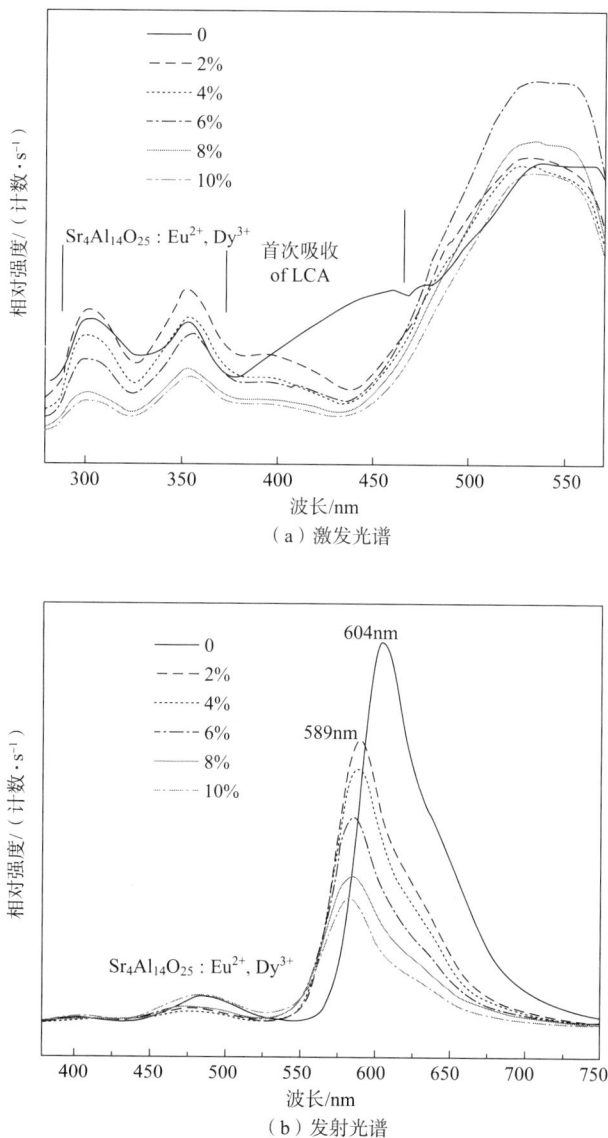

（a）激发光谱

（b）发射光谱

图3-6　样品的光谱特征

六、颜色坐标

图3-7给出了样品的颜色坐标。从图3-7可以发现，坐标符号的分布有一定的规律性。当SiO_2含量从0增加到2%时，颜色发生了明显的变化，而含量从2%增加到10%时，颜色变化不大。复合发光材料的上述颜色代表$Sr_4Al_{14}O_{25}$：Eu^{2+},Dy^{3+}和LCA的混合颜色，颜色变化是两种发射光的综合影响。当SiO_2含量大于2%时，由于SiO_2的相互作用程度接近饱和点，发射光谱略有蓝移，LCA的光强降低，$Sr_4Al_{14}O_{25}$：Eu^{2+},Dy^{3+}的蓝绿色光在杂化光中所占的比例较高。随着SiO_2的加入，蓝移发生，蓝移幅度减小。

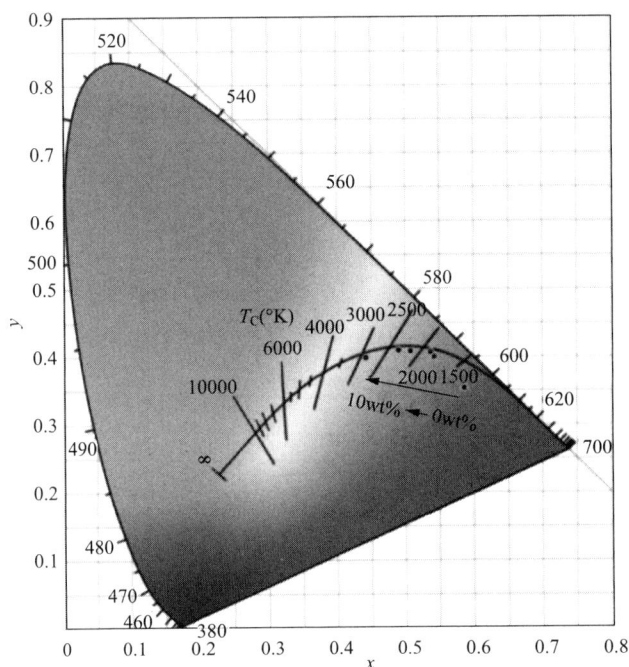

图3-7　样品的颜色坐标

七、量子产率

图3-8给出了复合荧光粉（6%）的QY谱和QY数据。结果表明，复合荧光粉（质量分数为6%）具有最大QY值，随着SiO_2含量的增加，QY先增大后减小。通过上述光谱和余辉分析，硅包层对复合荧光粉有两方面影响：一方面，SiO_2对光转换剂的发射有限制；另一方面，SiO_2包层可以弥补$Sr_4Al_{14}O_{25}$表面的晶体缺陷，但当SiO_2含量超过一定量时会发生团聚，对荧光粉产生不利影响。

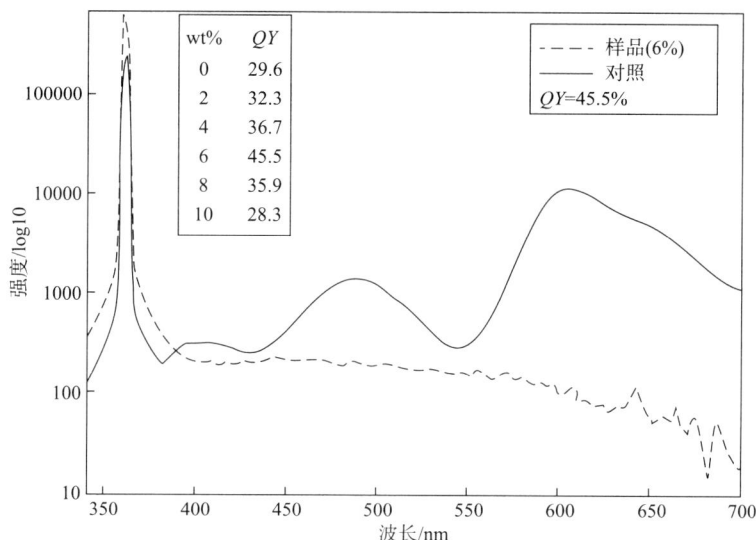

图3-8 复合荧光粉的量子产率

本章小结

制备了 SiO_2 包覆的 $Sr_4Al_{14}O_{25}$ ： Eu^{2+},Dy^{3+}/LCA 复合荧光粉，分析了其物相结构、微观形貌、光谱特性等，得到如下结论。

（1）在 $Sr_4Al_{14}O_{25}$ ： Eu^{2+},Dy^{3+} 表面通过化学键形成网状硅层。

（2）二氧化硅层减少了 $Sr_4Al_{14}O_{25}$ ： Eu^{2+},Dy^{3+} 表面的晶体缺陷。

（3）当硅含量在 0 ~ 2% 范围内，$SiO_2-Sr_4Al_{14}O_{25}$ ： Eu^{2+},Dy^{3+}/LCA 发生明显的蓝移，通过改变 SiO_2 含量在黄红范围内发生颜色变化。

（4）随着 SiO_2 含量的增加，复合荧光粉的量子产率先上升后下降，当硅含量为6%时，量子产率达到最大值。

$SiO_2-Sr_4Al_{14}O_{25}$ ： Eu^{2+},Dy^{3+}/LCA 复合发光材料实现了光谱的多样性，是一种很好的防伪纤维原料。由此可见，无机—有机杂化材料制备方法能够在不改变无机发光粉体材料的情况下，进一步优化无机粉体材料的特性，拓宽了防伪用稀土发光材料的制备路径。

第四章

防伪用稀土发光材料混合体的光谱特性

第一节　概　述

从发光原理上讲，光谱指纹防伪纤维的发光来源于分散在纤维中的稀土发光材料，由于稀土发光材料本身结构和能级水平的不同，受到特定的激发光照射时会发出特定波长的发射光。每个稀土发光材料颗粒可视为一个点光源。如果将不同色光的点光源混合在一起，在激发光照射后，就会形成一个多元发光混合体。根据色光加色混合原理，"当不同色光混合时，会发生重叠效应，不仅颜色会发生变化，而且亮度会增加"。因此，从理论上讲，通过发光材料混合，可以得到不同光色特征的发光材料混合体，这为开发高亮度的光谱指纹防伪纤维提供了新的切入点和强有力的理论指导。

在前期研究的基础上，制备了黄绿光的 $SrAl_2O_4 ： Eu^{2+},Dy^{3+}$（SAOED）、蓝光的 $Sr_2MgSi_2O_7 ： Eu^{2+},Dy^{3+}$（SMSOED）和红光的 $Y_2O_2S ： Eu^{3+}，Mg^{2+},Ti^{4+}$（SOSEMT）三种稀土发光材料，研究了三种材料及其混合体的光色混合效应，进一步探明稀土发光材料的光色混合规律与机理，不仅能够拓展稀土发光材料的应用领域，还可以为开发更高效的光谱指纹防伪纤维提供理论基础。

第二节　实验部分

一、样品制备

按照设定的化学计量比准确称量 $SrCO_3$（AR）、Al_2O_3（AR）、Eu_2O_3（4N）和 Dy_2O_3（3N），再加入一定量的 H_3BO_3，将原料混合均匀后，放入氧化铝方舟，再置入高温炉，在碳粉还原气氛下，以10℃/min的速度升至设定温度，焙烧，自然冷却至室温取出，产物经再次研磨、筛选后得到所需稀土发光材料样品SAOED。

将 $SrCO_3$、$4MgCO_3 \cdot Mg(OH)_2 \cdot 6H_2O$、$SiO_2$、$Eu_2O_3$ 和 Dy_2O_3 按一定化学计量比准确称量，加入适量助熔剂 H_3BO_3，充分研磨混合均匀后装入氧化铝方舟，再置入高温炉，在碳粉还原气氛下，以10℃/min的速度升至设定温度，焙烧，自然冷却至室温取出，产物经再次研磨、筛选得所需稀土发光材料样品SMSOED。

按设定的摩尔比称取 Y_2O_3、Eu_2O_3、TiO_2、ZnO、$4MgCO_3 \cdot Mg(OH)_2 \cdot 6H_2O$，其中过量的S以弥补高温烧结下的挥发，$Na_2CO_3$ 为助熔剂。将原料混合均匀后，装入纯氧化铝方舟，再置入高温炉，在碳粉还原气氛下，以10℃/min的速度升至设定温度，焙烧，自然冷却至室温取出，产物经再次研磨、筛选后得到所需稀土发光材料样品YOSEMT。

二、测试方法

（一）物相结构

采用德国Bruker AXS公司的D8 advance型X射线衍射仪分析样品的物相结构。具体测试条件与方法：采用铜靶 CuK_d/（λ =0.15406nm）/功率为1600W（40kV×40mA），扫描范围1°～90°，扫描速度4°/min。

（二）光谱特性

采用日立F-4600荧光分光光度计测定样品的激发、发射光谱。测试条件为：氙灯175W，光电倍增管电压350V，扫描速度1200nm/min。

第三节　结果与讨论

一、物相结构

图4-1给出了三种烧结样品的XRD图谱。通过MDI软件对三种稀土发光材料样品进行X射线图谱分析可知，烧制样品的主晶相与JCPDS标准卡片中的铝酸锶（JCPDS:34-0379）、硅酸镁锶（JCPDS:39-0235）、硫氧化钇（JCPDS:24-1424），具有最佳匹配度。从图4-1还可以看出，在测试精度范围内，无其他杂项出现，说明烧结样品为$SrAl_2O_4$：Eu^{2+},Dy^{3+}、$Sr_2MgSi_2O_7$：Eu^{2+},Dy^{3+}和Y_2O_2S：Eu^{3+}，Mg^{2+},Ti^{4+}的纯相。

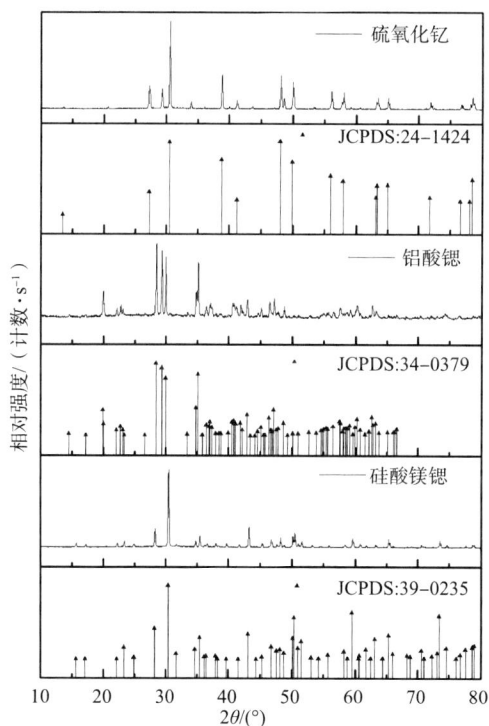

图4-1　三种烧结样品的XRD图谱

二、光谱特性

图4-2给出了三种烧结样品的激发光谱和发射光谱。从图4-2（a）可以看出，三种发光材料的激发光谱均为宽带谱，激发波长范围相似，最强激发峰位置相近。这保证了它们形成的混合体能够被同一波长激发光有效激发。从图4-2（b）可以看出，SAOED和SMSOED的发射光谱较宽，主波长分别位于525nm和514nm处。YOSEMT的发射光谱相对

较窄，在596nm、619nm、627nm处出现了三个发射峰，主峰位于627nm处。结合参考文献分析可知，三种样品的发光可归属于Eu^{2+}的4f组态电子D—F跃迁特征发光，而非F—F跃迁。三种样品的发光颜色与RGB三原色光较接近，但相对于RGB三原色光，三种样品的发光波长和发光强度略有不同。这与稀土夜光材料自身的物质结构有关。不同的稀土夜光材料具有不同的物质结构，各自发光强度和发光波长存在较大差异。

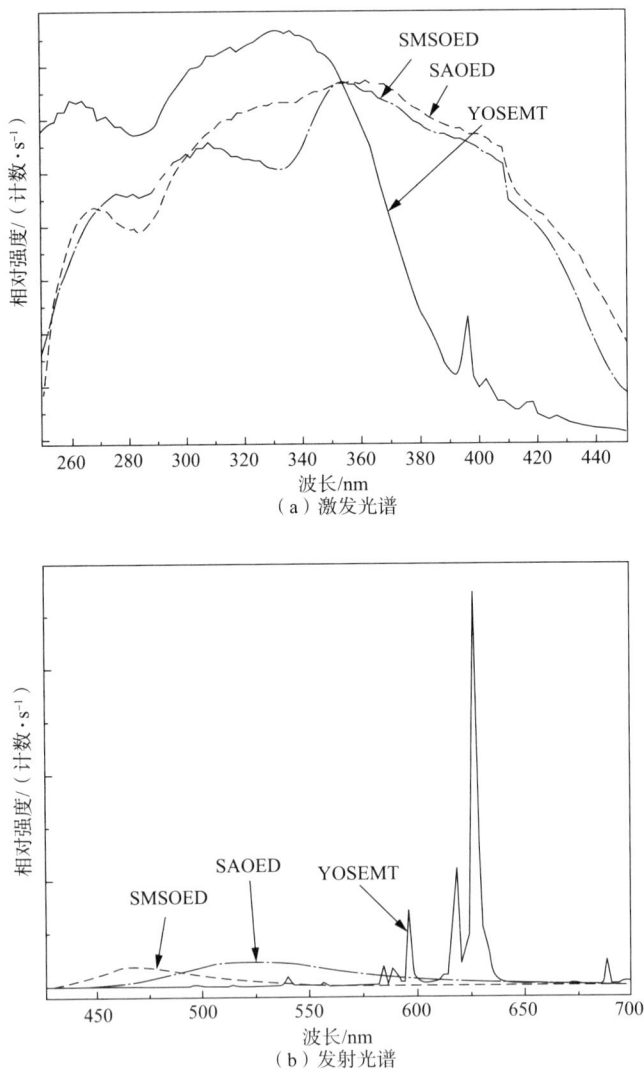

图4-2 三种烧结样品的光谱特性

三、发光材料混合体的发射光谱

图4-3给出了不同比例稀土发光材料形成的混合体的发射光谱。从图4-3（a）、图4-3（b）、

图4-3（c）、（d）可以看出，相对于任何单一发光体而言，混合发光体的发射波长和发光强度均发生了较大变化。从发射波长来看，混合体的发光波长介于两种发光体波长之间，且随着混合比例的增加，混合体的发射波长向比重较大的单体光色靠拢。这说明发光材料发生了光色叠加效应。从发光强度来分析，混合体的实际发光强度与等效理论折算强度如表4-1所示。

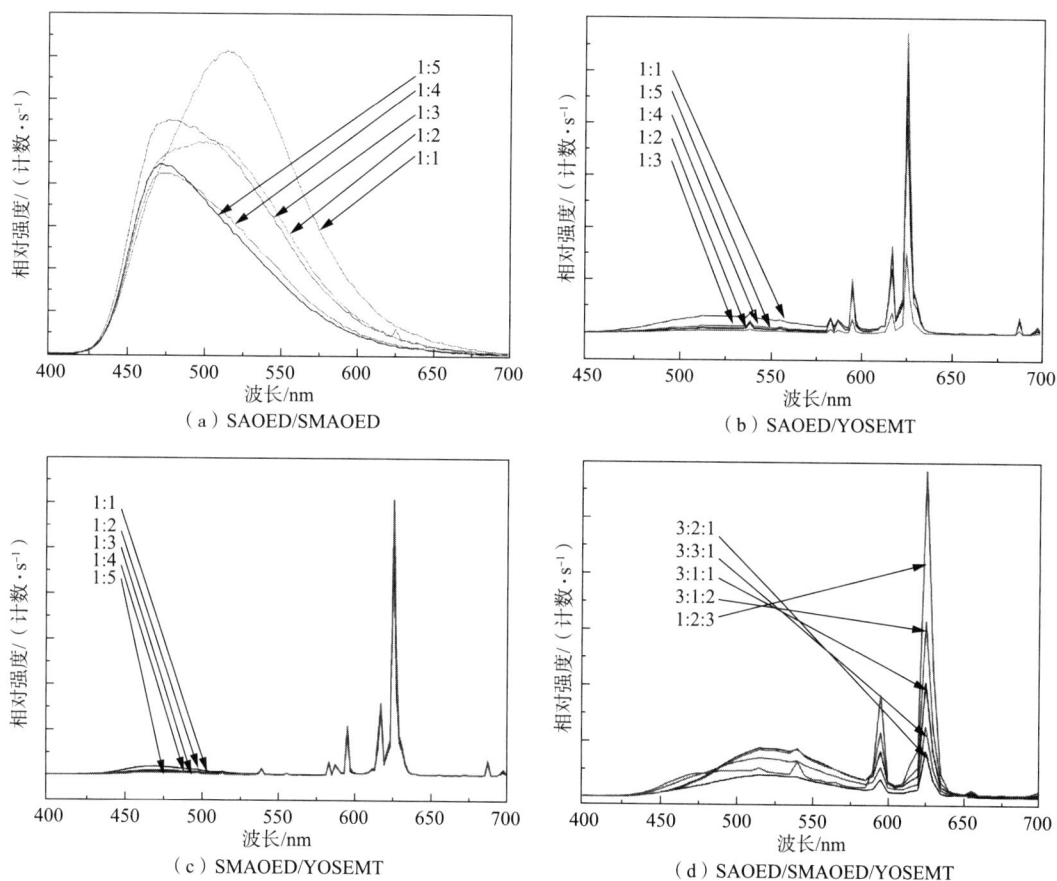

图4-3　不同稀土发光材料混合体的发射光谱

表4-1　稀土发光材料混合体的实际发光强度与等效发光体强度对比表

混合体	实际发光强度	等效理论折算发光强度	对比结果
$SrAl_2O_4 ： Eu^{2+},Dy^{3+}$	1.308E+4	—	—
$Sr_2MgSi_2O_7 ： Eu^{2+},Dy^{3+}$	2.639E+3	—	—
$Y_2O_2S ： Eu^{3+},Mg^{2+},Ti^{4+}$	7.481E+3	—	—
SAOED/SMAOED（1：1）	8.065E+3	7.859E+3	＞

混合体	实际发光强度	等效理论折算发光强度	对比结果
SAOED/YOSEMT（1∶1）	1.075E+4	1.028E+4	>
SMAOED/YOSEMT（1∶1）	5.109E+3	5.06E+3	>
SAOED/SMAOED/YOSEMT（1∶1∶1）	8.789E+3	7.733E+3	>

从表4-1可见，所有发光材料混合体样品的实际发光强度均高于等效理论折算强度。这可能是由于发光材料之间发生了能量传递，发光粒子之间可能发生了二次激发。众所周知，当稀土发光材料中的稀土离子被激发时，这些离子的电子会自发地从高能级向低能级辐射，从而导致稀土发光材料发光，同时，形成不同的点光源。这些点光源发出的光是具有随机传播方向、振动方向、相位和频率的非相干光，可以用以下方程计算光的叠加强度：

$$I = I_1 + I_2 + 2\sqrt{I_1 I_2}\sin\phi$$

式中：I_1 和 I_2 分别是两束光束的发光强度，ϕ 是其相位差。由于非相干光源的 ϕ 为0，因此，合成光强变成两束光束的之和，如下所示：

$$I = I_1 + I_2$$

由于光强测试的狭缝宽度是固定的，所以，光通量没有变化。与实际发光强度相比，叠加后合成发光强度的理论换算值应为理论转换值的一半。详细的等效理论转换光强计算结果如表4-1所示。可见，与单一发光材料相比，混合物的实际发光强度较强，但并不是简单地添加。叠加过程中存在一定的能量强化，这归因于发光材料之间的能量传递。这是因为当激发光照射到发光材料混合体时，两种发光材料同时被激发，由于发光材料基质的不同，它们分别发出不同波长的发射光。由于样品的发射光为宽带复合光，该发射光中包含与另一发光材料激发光波长相同的波段，于是，当这些发射光遇见另一发光材料时会将另一发光材料有效激发，产生新的发射光。两种发射光同时发出，产生叠加，从而造成混合体发光强度增强。色光的混合符合加色混合原理，即不仅光的波长移动，而且光的亮度也会增强。

从以上分析可知，稀土发光材料的光色混合规律基本符合加色混合规律，说明发光波的相互叠加和发光强度的增强。然而，稀土发光材料的光色与RGB三原色由于波长和强度的差异不大，混合规律不完全一样，主要表现在混合物的光强比理论转换强度高。

四、光色坐标

为了更直观地观察混合体的光色效果，测试了样品的光色特征。图4-4显示了所有样品的光颜色的CIE 1931色度图。所有样品的颜色参数都在色度坐标的特定区域,它们相互比较忠实地揭示了发射色,并列于表4-2。从图4-4可以看出,混合体的光色坐标位于混合单体光色坐标之间,且呈现连续变化规律,其中三种发光材料混合体的光色有向白光靠拢的趋势。从变化规律上分析,稀土发光材料的光色混合基本符合加色混合的规律。这说明通过稀土发光材料混合能够得到具有不同光色特征的发光材料混合体,这极大丰富了光谱指纹防伪纤维的防伪原料来源。

表4-2 样品的颜色坐标

样品名称	混合比	x	y
SAOED/SMSOED	1:1	0.23452	0.45499
	1:2	0.20980	0.38889
	1:3	0.19961	0.35752
	1:4	0.19094	0.33718
	1:5	0.18330	0.31610
SAOED/YOSEMT	1:1	0.43806	0.47153
	1:2	0.50618	0.43113
	1:3	0.53773	0.41039
	1:4	0.56209	0.39524
	1:5	0.57920	0.38510
MSOED/YOSEMT	1:1	0.35200	0.46370
	1:2	0.54547	0.30155
	1:3	0.55835	0.30333
	1:4	0.59763	0.31716
	1:5	0.60005	0.31732
SAOED/SMSOED/YOSEMT	1:2:3	0.43085	0.37528
	3:1:1	0.33618	0.49943
	3:1:2	0.37097	0.48512
	3:2:1	0.30694	0.46567
	3:3:1	0.29890	0.45977

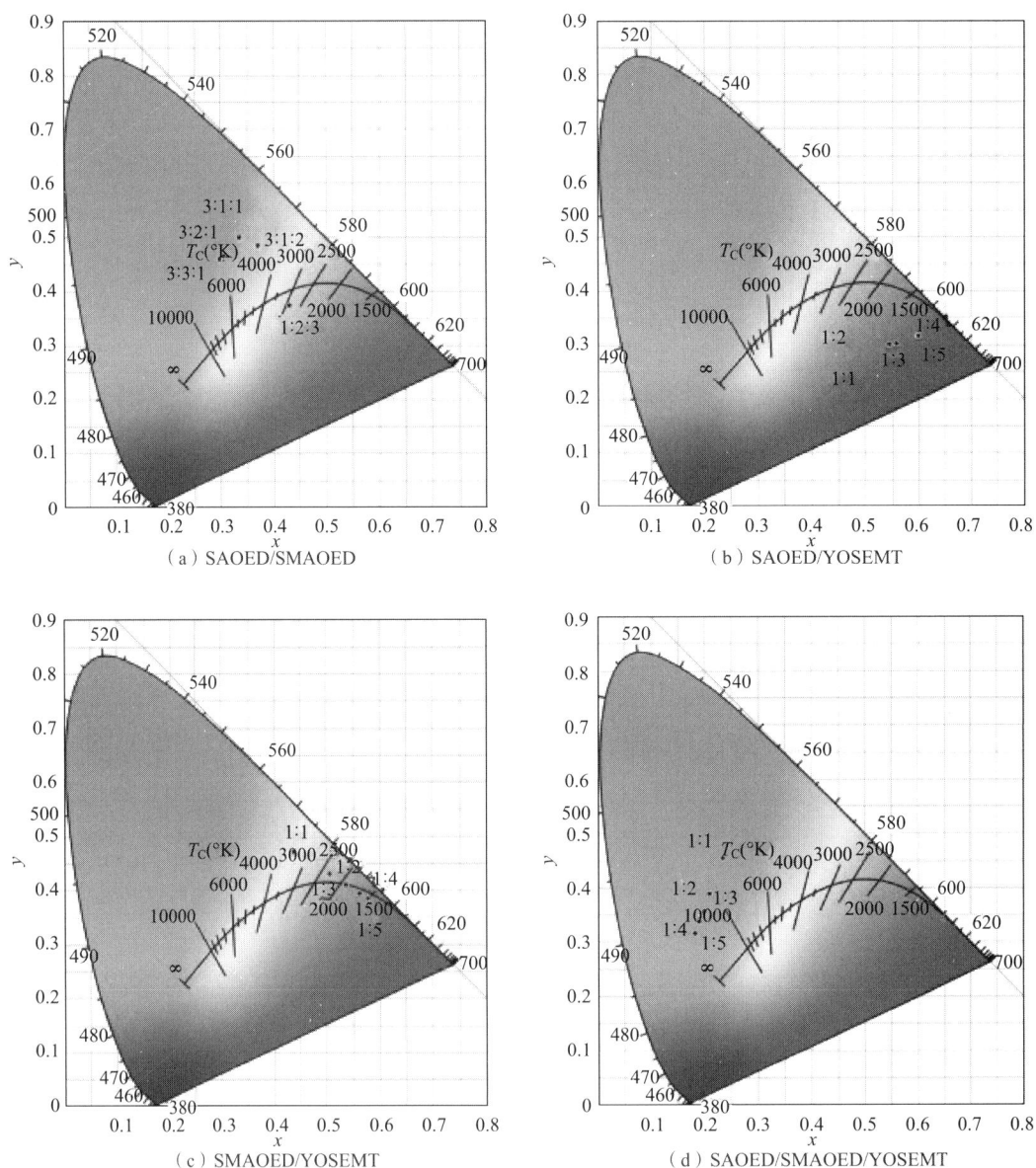

图4-4 不同稀土发光材料混合体的色度坐标

本章小结

采用固相反应法制备了三色RGB三原光波长相近的三种稀土发光材料，并按一定比例混合。用X射线衍射仪测定了发光材料单体的相结构。用荧光分光光度计对发光材料的光致变色性能进行了测试和分析，得到如下结论。

（1）防伪纤维用稀土发光材料的光的混色有规律的变化，不仅光的波长重叠，而且光的亮度增加，这与混色原理基本一致。首先，相对于任何单一发光体而言，两两混合体的发射波长和发光强度均发生了较大变化。从发射波长来看，混合体的发光波长介于两种发光体波长之间，且随着混合比例的增加，混合体的发射波长向比重较大的单体光色靠拢。其次，就发光强度而言，两种发射光同时发出，产生叠加，从而造成混合体发光强度增强。

（2）由于发光材料本身的特性，其混色规律与RGB原色不完全相同，主要表现为混色材料的光强变强。

（3）发光材料混合体的光色坐标位于混合单体光色坐标之间，且呈现连续变化规律，其中三种发光材料混合体的光色有向白光靠拢的趋势。

由此可见，通过稀土发光材料混合能够得到具有不同光色特征的发光材料混合体，这极大丰富了光谱指纹防伪纤维的防伪原料来源。

第五章

光谱指纹防伪纤维的制备及其光谱特性研究

第一节　概述

稀土发光材料在聚合物基材中的存在状态对光谱指纹防伪纤维的发光性能有很大影响，这里的存在状态包括晶体结构和分散状态两个方面。经过复杂的纺丝工艺过程之后，稀土发光材料的晶体结构是否发生改变？稀土发光材料在聚合物基材中的分散状态如何？了解稀土发光材料在光谱指纹防伪纤维中的存在状态是分析光谱指纹防伪纤维的发光过程和发光机制的前提和基础，这些问题不仅关系光谱指纹防伪纤维能否发出均匀的色光，还关系光谱指纹防伪纤维的防伪特性。

首先，稀土发光材料的晶体结构决定其发光特性，如果晶体结构发生改变，则其发光特性必然发生改变，那么在对光谱指纹防伪纤维的发光过程和发光机制分析的时候，必须先探究稀土发光材料光谱特性发生改变的原因，才能进一步研究光谱指纹防伪纤维的发光机制。若晶体结构没有发生改变，则这一分析过程将会简化很多。

其次，稀土发光材料在聚合物基材中的分散状态会影响纤维的微观形态，进而影响纤维基材对光的反射、散射、折射、吸收等作用能力，从而影响光谱指纹防伪纤维的光照激发和光子发射效率。

最后，纺丝工艺对纤维的微观结构和光学性能也有很大的影响。由于纤维基材对光的反射、吸收和折射作用，光谱指纹防伪纤维的发光强度与纯的稀土发光材料相比有所减弱。但可以通过添加功能助剂或调整纺丝工艺等方式，改善纤维基材的结晶度、取向度等结构参数，进而控制纤维的吸光度、透明度、反射率、折射率等光学特性，进一步增强光谱指纹纤维的光照激发和发光效率。

选取自制铕镝共掺杂的铝酸锶为稀土发光材料，PET（全称 Polyethylene terephthalate）为聚合物基材，采用熔融纺丝工艺，制备了光谱指纹防伪纤维样品，并借助SEM、XRD、荧光分光光度计等仪器和测试手段研究了纤维的微观形态、内部结构和光谱特性，并阐明了其发光机理，在此基础上分析了该纤维的发光过程。

第二节　实验部分

一、样品制备

光谱指纹防伪纤维的具体生产工艺如图5-1所示。

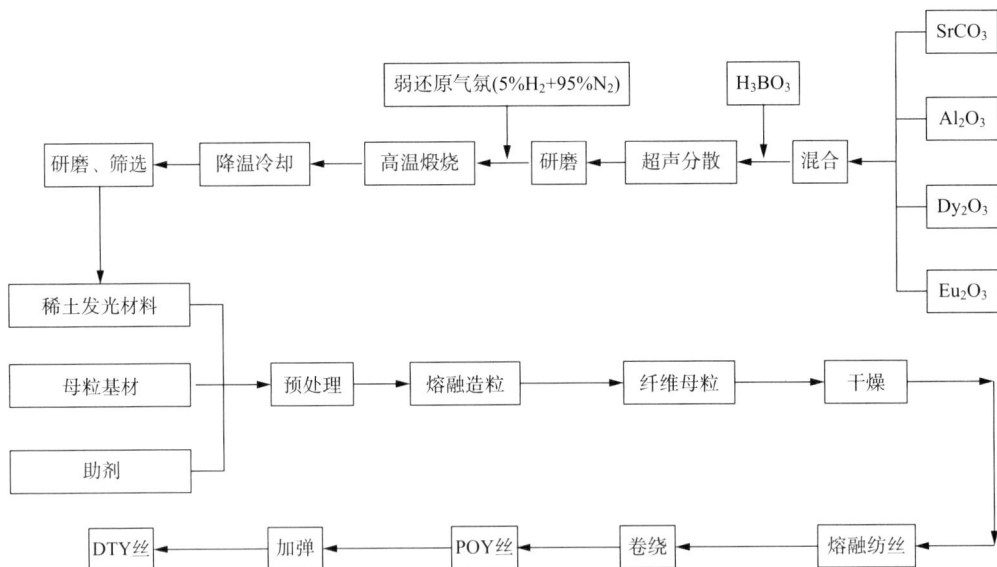

图5-1　光谱指纹防伪纤维生产工艺路线

首先，制备防伪纤维用稀土发光材料。根据第二章的工艺路线进行稀土铝酸锶的制备，具体方案见表5-1。然后，将自制的稀土铝酸锶与聚合物切片、功能助剂（包括偶联剂、分散剂）混合，预处理之后，熔融造粒，制成防伪用纺丝原料母粒。将制备好的纤维母粒与纯基材母粒熔融纺丝制成POY丝，再将该POY丝在弹力丝机上进行加工，制得不同细度和规格的DTY丝。选取样品规格为150旦/36孔，采用的具体光谱指纹防伪纤维制备方案详见表5-2。

表5-1　稀土铝酸锶发光材料样品的制备方案

原料配方	煅烧温度/℃	恒温时间/h	降温方式	样品标记
按照化学通式$SrAl_2O_4$：$Eu^{2+}_{0.025}$,$Dy^{3+}_{0.025}$进行原料配比，H_3BO_3的加入量为混合物总量的5%（摩尔）	1300	4	自然冷却	SAOED

表5-2　光谱指纹防伪纤维样品的制造方案

序号	原料配方	纺丝温度/℃	牵伸倍数	样品标记
1	PET切片：稀土铝酸锶=95%：5%	270~300	2.9	White–PET–SAOED
2	PET切片：稀土铝酸锶=96%：4%	270~300	2.9	White–PET–SAOED（4%）
3	PET切片：稀土铝酸锶=97%：3%	270~300	2.9	White–PET–SAOED（3%）
4	PET切片：稀土铝酸锶=98%：2%	270~300	2.9	White–PET–SAOED（2%）
5	PET切片：稀土铝酸锶=99%：1%	270~300	2.9	White–PET–SAOED（1%）

二、测试方法

（一）微观形貌

采用荷兰FEI公司Quanta200扫描电子显微镜测试样品的微观形貌。测试条件：所有样品在测试前经过干燥、喷金处理，电压20kV。

（二）物相结构

按照第二章第二节所示方法和仪器测试样品的物相结构。

（三）红外测试

将纤维紧密卷绕在铬晶体表面，保持表面平整，并对纤维施加一定的压力，靠铬晶体的反射，得到相应的红外光谱图。测试条件：扫描范围为675～4000cm^{-1}，分辨率40cm^{-1}，扫描次数32。

（四）激发光谱测试

具体测试条件：氙灯作激发光源，狭缝宽度为1～5nm，发射波长为518nm，扫描速度为120nm/min，室温环境。测试方法说明：取样品若干，均匀缠绕在固体样品架上。这里的发射波长之所以确定为518nm，是在对纤维进行发射光谱扫描后确定的。

（五）发射光谱测试

具体测试条件：氙灯作激发光源，狭缝宽度为1～5nm，激发波长为365nm，扫描速度为120nm/min，室温环境。测试方法说明：取样品若干，均匀缠绕在固体样品架上。这里激发波长之所以确定为365nm，也是在对纤维进行激发光谱扫描后确定的。

第三节　结果与讨论

一、微观形貌分析

图5-2是自制的防伪纤维用稀土铝酸锶在研磨前后的SEM照片。由图5-2（a）可看出，研磨前的烧结产物结晶良好，呈不规则形状，但团聚较为严重，其中较大的颗粒粒径达到了100μm左右。普通纤维的直径一般小于20μm，因此，很难满足纺丝需要，必须进行研磨，筛选。通过第二章的叙述可知，制造光谱指纹防伪纤维用稀土发光材料粒径分布在1~10μm较为合适。由图5-2（b）可以看出，研磨后的发光材料成不规则形状，且部分有尖锐棱角，其粒径明显减小，材料粒径分布在1~10μm，分布不够均匀，基本能够满足纺丝需要。

（a）SAOED研磨前　　　　　　　　（b）SAOED研磨后

图5-2　自制稀土铝酸锶样品的SEM照片

图5-3是光谱指纹防伪纤维样品的SEM照片。由从图5-3可以看出，稀土铝酸锶在纤维中呈现随机分布状态，光谱指纹防伪纤维纵向表面出现了凸凹不平的凸起，且有少部分

颗粒分布于纤维表面。我们认为这与稀土发光材料的粒径不均匀有关。熔融共混纺丝过程中，当大粒径发光材料处于聚合物基材较外层时，则会形成凸凹不平的表面，有的还会凸出纤维表面。相关研究表明，若稀土铝酸锶粉体长期暴露在潮湿的环境中，易发生水解，导致发光性能下降。从图5-3（b）可以看出，这些凸出于纤维表面的颗粒数量极少，基本不会影响纤维的发光性能。

（a）横截面形态（×2000）　　　　（b）纵向形态（×4000）

图5-3　光谱指纹防伪纤维样品的SEM照片

对比图5-2稀土铝酸锶研磨后的SEM照片和图5-3光谱指纹防伪纤维样品的SEM照片可以认为，光谱指纹防伪纤维中几乎不存在发光材料颗粒团聚的情况，说明选择的功能助剂对稀土铝酸锶有良好的分散作用，这种分散状态保证了光谱指纹防伪纤维光照激发和光谱发射的均匀性，有利于光谱指纹防伪纤维发出均匀的色光。同时，也说明了纺丝工艺的可行性，为进一步深入研究光谱指纹防伪纤维提供了理论支持和实验依据。

二、物相结构分析

图5-4为自制稀土铝酸锶和光谱指纹防伪纤维的XRD图谱。

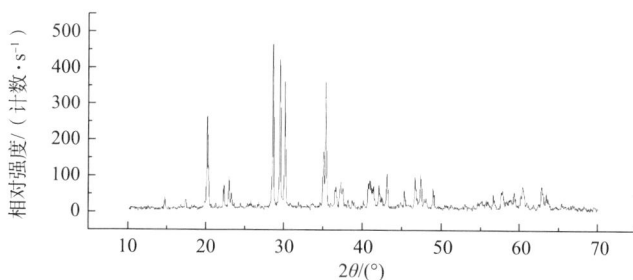

图5-4　自制稀土铝酸锶样品的XRD图谱

由图5-4可以看出，稀土铝酸锶的衍射峰呈尖锐峰形，结晶较好，在2θ位于20.1°、28.5°、29.3°、35.1°处出现的衍射较强。结合相应的MDI软件分析，对照JCPDS卡片（No: 34-0379）可知，主晶相为α-SrAl$_2$O$_4$，晶格常数为$a=0.8442nm$，$b=0.8822nm$，$c=0.5161nm$，$\beta=93.415°$，$\alpha=\gamma=90.000°$。该物相晶格转变温度高达650℃，熔融纺丝加工最高温度仅300℃，因此，不会对发光材料的结构和发光特性造成影响。

图5-5为光谱指纹防伪纤维white-PET-SAOED的XRD图谱。

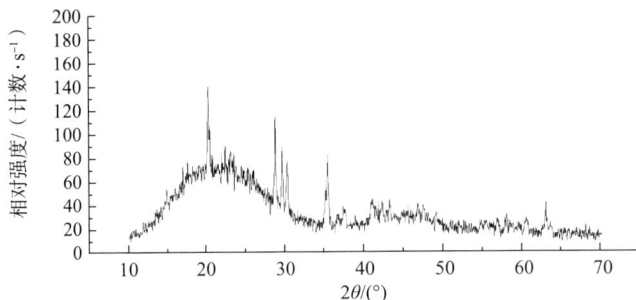

图5-5　光谱指纹防伪纤维样品的XRD图谱

由图5-5可以看出，光谱指纹防伪纤维的图谱在2θ位于20.1°、28.5°、29.3°和35.1°处出现与稀土铝酸锶的谱图相对应的尖锐峰形。除此之外，并没有出现新的峰形。可以认为光谱指纹防伪纤维的XRD图谱为稀土铝酸锶和PET基材的简单叠加。但由于光谱指纹防伪纤维中稀土铝酸锶含量仅为5%，含量较低，所以，该衍射峰峰值较弱。

对比图5-4和图5-5可以得出结论：光谱指纹防伪纤维中稀土发光材料与成纤聚合物基材的物相结构没有因为复杂的纺丝工艺而发生改变。

三、红外光谱分析

图5-6给出了光谱指纹防伪纤维和普通涤纶的红外光谱图。

从图5-6中可以看出，光谱指纹防伪纤维和普通涤纶红外光谱图的吸收峰的位置有很好的重合性。涤纶的红外光谱图中，C＝O峰在1717.63cm^{-1}处，苯环峰在725.75cm^{-1}处，而且从大分子材料中的结构可以进一步确定其取代基的位置是对位的，而1246.35cm^{-1}是C—O—C的伸缩振动峰，1098.01cm^{-1}是饱和酸酯的特征峰。再由图可以观察到光谱指纹防伪纤维的C＝O伸缩振动的特征吸收峰出现在1716.93cm^{-1}这个波峰处，而C—O—C的伸缩振动吸收峰分别出现在1246.93cm^{-1}和1100.05cm^{-1}两个峰处，而在酯类化合物中，波数（C＝O）在约1735cm^{-1}附近产生特征吸收峰；还可以用1300~1030cm^{-1}的强吸收峰作证明，1300~1030cm^{-1}一般产生两个峰，分别归属于C—O—C基团的不对称和对称伸缩振动，其苯环的特征峰出现在724.93cm^{-1}。

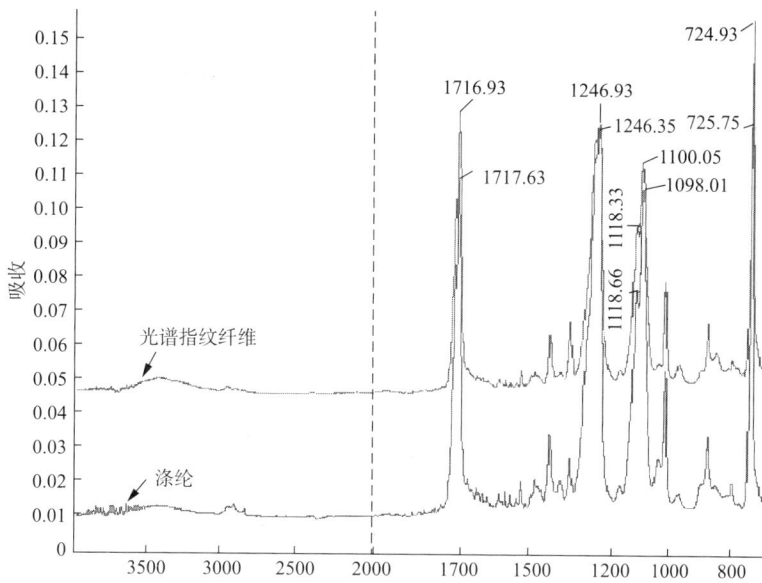

图5-6　光谱指纹防伪纤维和普通涤纶纤维的红外光谱图

以上分析表明，光谱指纹防伪纤维内部各组分的化学结构没有发生改变，再次验证了纤维组分间的独立性，同时，也证实了实验采用纺丝工艺的可行性。

四、光谱特性分析

光谱指纹防伪纤维的防伪原理是通过检测纤维在特定激发光照射下具有的发射光谱曲线鉴别产品真伪，因此，光谱指纹防伪纤维的光谱特性的研究是阐明其防伪原理的前提和基础。本书所述光谱指纹防伪纤维的光谱特性主要是指与纤维防伪原理相关的激发光谱和发射光谱。

（一）激发光谱

激发光谱反映的是材料的某一发射光谱曲线与谱带的强度或发光效率与激发波长的关系。根据激发光谱的测量可以确定该材料发光所需的激发光波长范围，并可以据此确定该材料的最佳激发光波长。这对研究光谱指纹防伪纤维的发光特性至关重要。

图5-7给出了稀土铝酸锶发光材料和光谱指纹防伪纤维样品的激发光谱。

从图5-7中可以看出，自制铝酸锶发光材料的激发光谱是一个连续宽带谱，主激峰位于320~360nm。这是由于$SrAl_2O_4$：Eu^{2+},Dy^{3+}中的稀土离子Eu^{2+}在取代Sr^{2+}后，其所具有的5d电子能级受晶体场的影响，发生能级劈裂，从而形成多个亚稳态能级。当发光材料基质被激发光照射时，这些能级带上的电子吸收相应波长的能量发生跃迁，从而产生多个吸收带，形成连续谱图。光谱指纹防伪纤维的激发光谱与稀土铝酸锶相似，亦为连续宽带谱，主激发峰位于350~360nm。可见，光谱指纹防伪纤维与稀土铝酸锶一样，能够被紫外

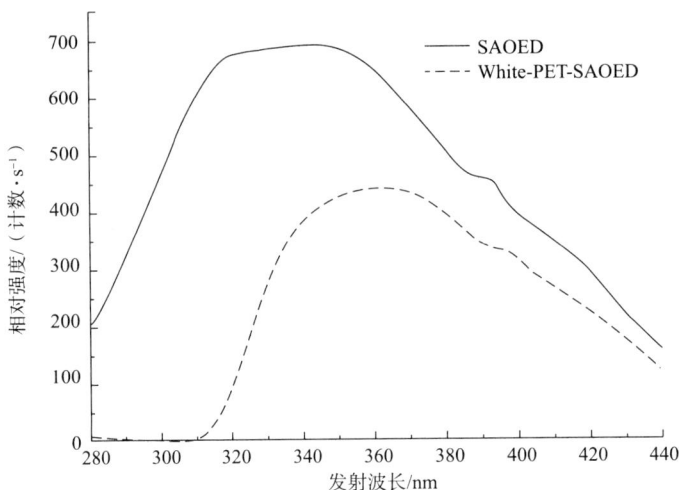

图5-7 White-PET-SAOED和SAOED样品的激发光谱

灯、高压汞灯、自然光源、白炽灯等多种光源激发。

对比二者的激发光谱不难看出，相对于纯的稀土铝酸锶，光谱指纹防伪纤维的激发光谱主激发峰位置发生了红移，激发波长范围缩短，且峰值低于纯的稀土铝酸锶。我们认为这可能与聚合物基材的存在有关，纯的稀土铝酸锶发光材料在激发光照射时直接被激发，而光谱指纹防伪纤维的激发过程因聚合物基材的存在相对较复杂。因为聚合物基材对光具有一定的吸收、反射、透过等作用，这些影响了光谱指纹防伪纤维的光照激发和光子发射。在随后的章节有关聚合物基材对光谱指纹防伪纤维发射光谱特性的影响研究中会对此深入探讨。

（二）发射光谱

发射光谱是分子吸收辐射后在不同波长处再发射的结果，它表示在所发射的荧光中各种波长组分的相对强度。光谱指纹防伪纤维所用的稀土发光材料具有丰富的发射光谱曲线，将其与高分子材料结合制成纤维后，其发光特性是否得到保持，纤维的发射光谱曲线与稀土发光材料发射光谱曲线的关系，纤维光谱特性与原料配方、纺丝工艺参数、激发光能量等的关系都可以通过发射光谱的测量得到很好的体现。因此，光谱指纹防伪纤维发射光谱的测量对于深入阐明光谱指纹防伪纤维的发光原理和防伪原理有重要意义。

图5-8给出了光谱指纹防伪纤维和稀土铝酸锶发光材料的发射光谱。从图5-8可以看出，稀土铝酸锶的发射光谱为连续宽带谱，发射峰位于518nm附近，归属于Eu^{2+}离子从激发态$4f^65d$跃迁回基态$4f^7$的特征发射。对比光谱指纹防伪纤维与稀土铝酸锶的发射光谱不难看出，二者非常相似，波形和发射峰位几乎没有变化，只是发射强度有所不同，表现为光谱指纹防伪纤维的发光强度相对于纯的稀土铝酸锶有所降低。由于聚合物基质在450～600nm几乎没有荧光发射，可知，光谱指纹防伪纤维的发光主要源自分散其中的稀土

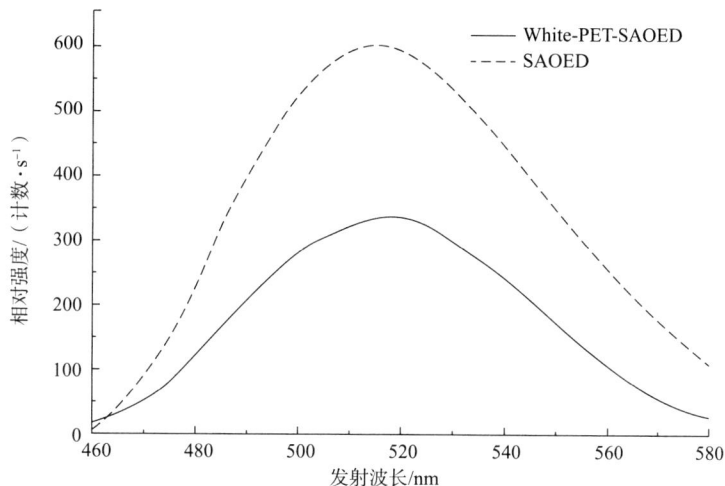

图5-8　样品的发射光谱

发光材料。由于复杂的纺丝工艺和聚合物基材没有对稀土发光材料的晶体结构造成破坏，其发光特性也就不会发生改变。因此，光谱指纹防伪纤维的发光波长没有发生变化。但由于聚合物基材对光具有一定的吸收、反射、透过和吸收作用，在一定程度上降低了激发光的激发效率，必然造成被激发电子数量的减少，致使发射光子数量减少，加上聚合物基材对发光光子的阻碍作用，导致发光强度相对纯稀土铝酸锶较低。可以说光谱指纹防伪纤维的发射光谱是所含稀土发光材料的发光光谱被聚合物基材削弱后的结果。

为了进一步探讨稀土发光材料对光谱指纹防伪纤维发射光谱的影响，还对稀土发光材料的添加量进行了改变。图5-9为不同稀土发光材料的添加量制备的光谱指纹防伪纤维的发射光谱特征。

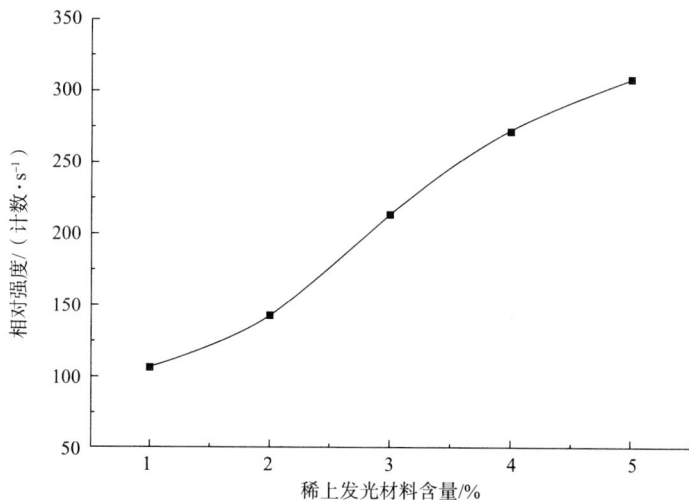

图5-9　稀土发光材料添加量与光谱指纹防伪纤维的发射强度的关系

从图5-9中可以看出，随着稀土发光材料添加量的增加，光谱指纹防伪纤维的发射强度逐渐增大。这主要与稀土发光材料的发光特性有关。如前所述，稀土发光材料的发光是由于稀土离子4f电子跃迁产生，光谱指纹防伪纤维中稀土发光材料的含量越高，被激发后产生能级跃迁光子数越多，因此，发光强度也就越大。然而，由于纺丝工艺条件的限制，当稀土发光材料含量较高时，纤维断头的概率会增加，不利于纺丝的连续性。实验表明稀土铝酸锶的添加量应控制在15%以内为佳。

可见，光谱指纹防伪纤维所用稀土发光材料的光谱特性对其发射光谱有决定性影响。稀土发光材料中的稀土离子具有未充满的4f5d电子构型，4f电子能够在7个4f轨道之间自由排列，因此，能够产生丰富的光谱项和能级，能级跃迁通道多达20余万个。稀土化合物的发光是基于稀土离子的4f电子层在f—f组态之内或f—d组态之间的跃迁。通常，具有未充满的4f电子亚层的原子或离子的光谱大约有30000条可被观察到的谱线；具有未充满的d电子亚层的过渡元素的谱线约有7000条；而具有未充满的p电子亚层的主族元素的光谱线约有1000条。不同稀土发光材料具有不同的发射光谱，即使稀土发光材料制备原料种类相同，按照不同配方制得的稀土发光材料具有的发射光谱曲线也不相同。稀土发光材料种类多样，发射光谱曲线变化丰富，这为我们提供了巨大的防伪原料资源。稀土发光材料的添加量对光谱指纹防伪纤维的发射强度有很大影响，不同稀土发光材料添加量制备的光谱指纹防伪纤维具有不同发射强度的发射光谱曲线，在稀土发光材料种类保密的条件下，很难被破译和仿造。

五、光谱指纹防伪纤维的发光机制

从以上对实验结果的分析可知，复杂的纺丝工艺并没有改变纤维各组分的结构和性能，这有助于我们通过控制纤维原料配方的方法实现光谱指纹防伪纤维光谱特征的控制。同时，也为我们分析光谱指纹防伪纤维的发光原理提供了理论和实验依据。光谱指纹防伪纤维的发光主要是来自分散于其中的稀土发光材料。稀土发光材料的发光特性对纤维的光谱特性有决定性影响。由于光谱指纹防伪纤维用于防伪检测时的发射光谱曲线是在激发光照射下测得，因此，该发射光谱属于光致发射光谱，而非余辉光谱。故而光谱指纹防伪纤维在防伪检测时的发光与稀土夜光材料的余辉发光具有不同的发光机理。

当紫外线、可见光或者红外线等外界光源照射光致发光材料时，发光材料就会发出特征光如可见光、紫外线等，这种现象称为光致发光现象。光致发光材料的发光过程可以分为激发和发射两个过程。激发过程中激活剂（发光中心）吸收激发能，跃迁至激发态，当其返回基态时会产生发光现象，同时，发生非发光跃迁部分，能量以热的形式散发。有时还在基质中掺杂另一种离子，称作敏化剂，该离子能够将吸收的能量传递给激活剂，进而激活剂被敏化并发出荧光，返回基态。图5-10给出了光致发光材料的发光过程示意图。

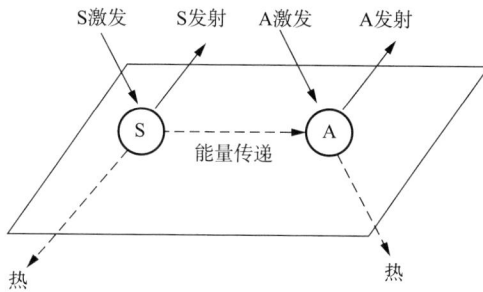

图5-10 光致发光材料的发光过程模拟示意图

有关稀土铝酸锶的发光机理的研究目前主要有以下四种模型：复合发光的能带模型、空穴转移模型、电子陷阱模型和位形坐标模型。

（一）复合发光的能带模型

该模型认为在一般的发光材料中存在两个能带：价带和导带，各带之间有禁带隔开。图5-11给出了半导体性发光材料的能带图。在禁带中存在三个能级：基态能级 A_1、激发态能级 A_2 和电子俘获能级 A_3。当发光材料被激发时，激活剂吸收能量，电子从基态跃迁至激发态，发生电子跃迁，部分电子从激发态返回基态，发生光辐射。一些电子能够进一步跃迁至导带，这些电子可能被陷阱俘获。如果再把必需的能量传递给这些电子，它们可以从陷阱中被释放出来。此时可能被重新俘获，也可能通过导带跃迁至激发态能级，并与发光中心复合，引起长时间的发光。这种发光一直持续到所有被俘获的电子完全被释放，并与发光中心复合为止。

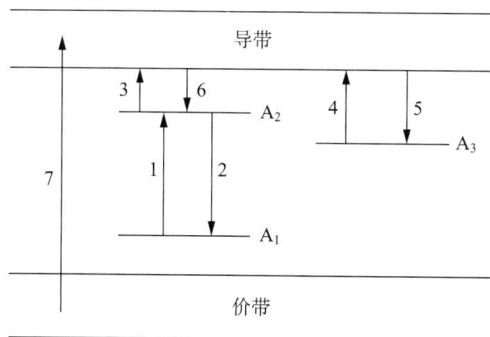

图5-11 半导体型发光材料的能级示意图

（二）空穴转移模型

空穴转移模型认为当激发光照射发光材料时，稀土铝酸锶的余辉发光主要分以下几个过程。

（1）发光中心电子从基态向激发态跃迁，并在 4f 轨道上产生空穴。

（2）电子返回基态，与空穴结合并发光。

（3）处在价带中的电子可从环境中获得能量并填补空穴，同时产生新的空穴，该过程中 Eu^{2+} 变成了 Eu^{+}。

（4）价带中的空穴在价带中迁移，并被 RE^{3+} 的缺陷能级俘获，使 RE^{3+} 变成了 RE^{4+}。

（5）因能量失衡，被 RE^{3+} 俘获的空穴从环境中获得能量重新回到价带。

（6）回到价带中的空穴继续迁移，当靠近 Eu^{+} 的局部能级时又会被 Eu^{+} 俘获并与 $4f^{6}5d^{1}$ 组态的电子复合而释放光子形成余辉。具体过程如图 5-12 所示。

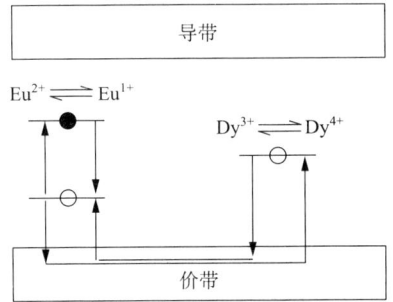

图 5-12　空穴转移模型

（三）电子陷阱模型

该模型认为稀土铝酸锶的余辉发光机制与晶格中的缺陷有关。张瑞俭等认为与发光中心相邻的 Vö（发光材料合成时在晶格中形成 O 空位）是余辉发光的关键。如图 5-13 所示，当激发光照射发光材料时，Eu^{2+} 的基态 $4f^{7}$ 电子向激发态 $4f^{6}5d^{1}$ 跃迁，电子进入激发态以后会发生两种情况。

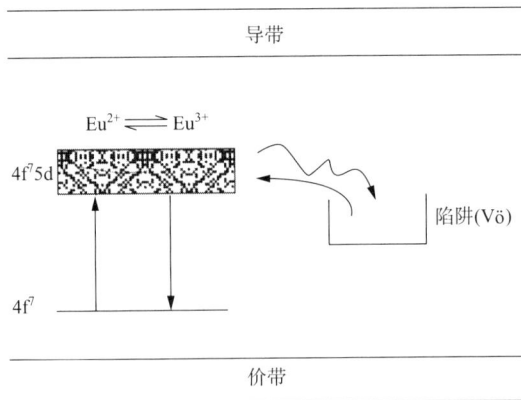

图 5-13　电子转移模型

（1）向能级底部弛豫并跃迁回基态形成发光。

（2）向邻近的 Vö 的缺陷能级弛豫。激发态电子弛豫到陷阱并被俘获，然后从环境中获取能量从陷阱中逃逸，重新返回激发态，然后向基态跃迁而释放光子，形成余辉。激发态电子在被陷阱俘获后处在晶格上的发光中心变为 Eu^{3+}，余辉结束后又变回 Eu^{2+}。

（四）位形坐标模型

Qiu JR 等和张天之曾对稀土铝酸锶的长余辉发光特性做过专门研究，并提出了位形坐标模型理论，如图 5-14 所示。曲线 A 表示基态，曲线 B 表示激发态，曲线 C 表示陷阱能级。当紫外光照射发光材料后，Eu^{2+} 的发光中心因吸收能量，电子从基态跃迁到激发态。一部分电子由激发态返回基态时产生 Eu^{2+} 的特征发光，另一部分被陷阱能级俘获，并存储起来。在热扰动下，陷阱能级中的电子一部分会重新返回 4f5d 激发态，再返回基态，参与 Eu^{2+} 的特征发光。与此同时，部分激发态电子仍会被陷阱能级所俘

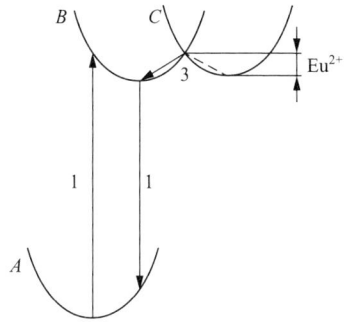

图 5-14　位形坐标模型

获。在激发光停止后，被陷阱俘获的电子，因失去能量平衡，不断地返回 4f5d 激发态，再返回 $8S_{7/2}$ 基态时，发出 Eu^{2+} 的特征发光，形成余辉。

综合上述理论模型，关于稀土铝酸锶的发光可以归纳为两部分发光过程。

（1）及时发光。即稀土铝酸锶被激发光照射，电子从基态跃迁至激发态后，部分电子会从激发态及时跃迁回基态，产生发光跃迁。同时，被陷阱能级俘获的电子在热扰动下也可能及时逃逸，参与及时发光。

（2）余辉发光。在激发光停止后，部分被缺陷能级俘获的电子只有在从外界环境获取能量之后才能重新返回激发态，再由激发态跃迁回基态，发生发光（余辉发光）。

由此可见，光谱指纹防伪纤维的发光应归属于纤维中稀土铝酸锶发光材料在激发光照射时 Eu^{2+} 的及时特征发光，共由两部分组成。

（1）稀土铝酸锶中的 Eu^{2+} 离子被激发到激发态的电子及时返回基态时的发光。

（2）陷阱能级中俘获的部分电子，因热扰动，及时返回 4f5d 激发态再返回基态时的发光。基态和激发态的能级差决定发光波长，从激发态及时返回基态的电子数决定发光强度。因此，从理论上讲，只要控制好跃迁电子的跃迁能级差和跃迁电子数，就能够达到对发射光谱的控制，从而得到具有不同发射光谱特征的发光材料及其制品。但是，由于光谱指纹纤维是稀土铝酸锶和聚合物基材的共混体，根据本章前部分的研究可知，稀土铝酸锶随机分布于聚合物基材中，并非整齐排列于纤维表面，在光照激发和发射的过程中必然受到聚合物基材的影响。因此，光谱指纹纤维与纯稀土铝酸锶相比发光过程要相对复杂一些。

六、光谱指纹防伪纤维发光过程的分析

为了进一步阐明光谱指纹防伪纤维的发光机制，我们对该纤维的发光过程进行了分析。分析的前提条件是本章的实验结论，即稀土发光材料随机分散在纤维内部，仅有极少

部分分布于纤维表面，纤维各组分之间结构与特性具有很好的独立性。

（一）未添加无机透明色料

图5-15给出了未添加无机透明色料的光谱指纹防伪纤维激发过程示意图。

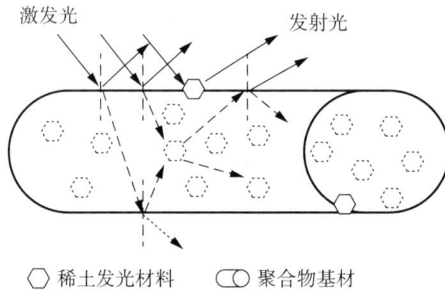

图5-15　未添加无机透明色料的光谱指纹防伪纤维发光过程示意图

如图5-15所示，当激发光达到光谱指纹防伪纤维表面时，由于聚合物基材的存在，会发生反射、散射、吸收和折射等现象。散射光和反射光在空气中传播，吸收光被聚合物基材存储起来，它们对光谱指纹防伪纤维的光照激发不再有益；产生的折射光进入纤维内部继续传播。与此同时，处在纤维表面的稀土发光材料被激发光直接激发，然而大部分发光材料在纤维内部，不能被直接激发，只能依靠纤维内部的光获得能量。我们把这部分折射光在纤维材料中传输归纳为两种情况。

（1）一部分光子遇到稀土发光材料，并将其激发，构成激发光成分。

（2）另一部分光没有遇到稀土发光材料，直接到达另一纤维—空气界面，并在此发生反射与折射，折射出纤维界面的光构成纤维的发光成分，反射光继续在纤维中传输。

光谱指纹防伪纤维的发光主要来自分散在纤维中的稀土发光材料。我们将处在纤维内部的稀土发光材料被激发产生的发射光在纤维中传播可能会发生的情况归纳为两种（图5-15）。

（1）一部分发射光直接到达纤维—空气界面，发生折射与反射，折射光形成光谱指纹防伪纤维的发光成分，而反射光继续在纤维中传播。

（2）另一部分发射光再次遇到稀土发光材料粒子，并将其激发产生新的发光，继续在纤维中传播，重复上述过程。

（二）添加无机透明色料

为了使纤维具有不同的色彩，在纤维制造过程中还会加入一定量的无机透明色料，这些颜料同样会影响光谱指纹防伪纤维的发光过程。图5-16给出了添加无机透明色料的彩色光谱指纹防伪纤维激发过程示意图。

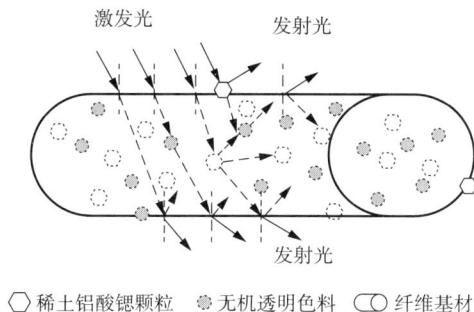

图5-16　添加无机透明色料的光谱指纹防伪纤维的发光过程示意图

从图5-16可以看出，无机透明色料参与了光谱指纹防伪纤维的发光过程。加入了无机透明色料以后，激发光在纤维内传播的过程中发生了改变，可能会遇到以下三种情况。

（1）一部分光子遇到稀土铝酸锶，并将其激发，形成激发光的成分。

（2）一部分光没有遇见任何粒子，直接到达纤维—空气界面，并再次发生反射与折射，折射光形成光谱指纹防伪纤维的发射光成分，反射光继续在纤维中传播。

（3）一部分光遇到无机透明色料粒子，被其选择性吸收后，部分光子到达纤维—空气界面，再次发生折射与反射，折射光进入空气，形成纤维发射光的成分，反射光继续在纤维中传输；部分光子遇到稀土铝酸锶，并将其激发，形成激发光的成分。

稀土发光材料被激发产生的发射光子，在彩色纤维中传播同样可能遇到三种情况。

（1）一部分发射光直接到达纤维—空气界面，并在此界面发生折射与反射，折射光透过纤维进入空气，形成发射光的成分，而反射光继续在纤维内部传播。

（2）一部分发射光再次遇到稀土发光材料粒子，并将其激发，产生新的发射光，该发射光继续在纤维中传播。

（3）一部分发射光遇到无机透明色料粒子，被其选择吸收后，部分光子到达纤维—空气界面，发生折射与反射，折射光形成纤维发射光的成分，反射光继续在纤维中传播；部分光子再次遇到稀土铝酸锶，并将其激发，形成激发光的成分。

光谱指纹防伪纤维的发光过程比我们分析的还要复杂许多，激发光和发射光在传播过程中可能会经历聚合物基材、无机透明色料的一次甚至几次的反射、吸收、折射和透过等作用，才形成最终的发光。从光谱指纹防伪纤维的激发过程分析可以看出，激发光到达纤维表面时，会发生反射、散射等现象，激发光的能量并不能有效地进入纤维内部进行传输，并被随机分散在纤维中的稀土发光材料吸收，纤维的激发过程受到了聚合物基材和无机透明色料的阻碍，激发效率有所降低；从光谱指纹防伪纤维发射过程分析可以看出，稀土发光材料所发出的光在纤维中经历复杂的传播过程之后，由于聚合物基材和无机透明色料的作用，其能量也会发生一定程度的消耗，造成光谱指纹防伪纤维的光子发射效率较纯的稀土铝酸锶有所降低。

　　由此可见，光谱指纹防伪纤维的发射光谱曲线，除了取决于稀土发光材料的光谱特性之外，还受到了激发条件、聚合物基材、无机透明色料等因素的影响。当这些因素中的一个发生改变，都会影响光谱指纹防伪纤维的发光过程，进而影响其发射光谱曲线特征。在第六章将对其进行深入研究。

本章小结

　　本章选取自制稀土铝酸锶为稀土发光材料，PET为聚合物基材制备了光谱指纹防伪纤维样品，借助SEM、XRD、荧光分光光度计等测试仪器对样品进行微观形貌、物相结构、分子结构、激发光谱和发射光谱测试和分析，并对光谱指纹防伪纤维的发光机理进行探讨，得出如下结论。

　　（1）微观形态结果表明自制的稀土铝酸锶符合纤维制造工艺的粒径要求，在纤维基体中成随机分布状态，分散良好，仅有极少数突出纤维表面，这种分散状态保证了光谱指纹防伪纤维的发光均匀性。物相分析和红外分析结果证实复杂的纺丝工艺没有对稀土发光材料、纤维基材等纤维各组分的性能和结构造成破坏，各组分间保持很好的独立性。这为进一步深入研究光谱指纹防伪纤维的特性提供了理论支持。

　　（2）光谱指纹防伪纤维激发光谱和发射光谱均为连续宽带谱，最强激发峰位于365nm附近，最强发射峰位于518nm附近，为Eu^{2+}离子的特征发射。光谱指纹防伪纤维发光强度随着稀土发光材料添加量的增加不断增强。稀土发光材料的光谱特性对光谱指纹防伪纤维的光谱特性具有决定性影响。但光谱指纹防伪纤维的光谱特性并不与所用稀土铝酸锶的光谱特性完全相似，二者在强度和激发波长范围上有区别。

　　（3）光谱指纹防伪纤维的发光来源于分散在纤维中的稀土铝酸锶，归属于稀土铝酸锶基质晶格中Eu^{2+}的及时特征发光，共由两部分组成：①稀土铝酸锶中的Eu^{2+}离子被激发到激发态的电子及时返回基态时的发光；②陷阱能级中俘获的部分电子，因热扰动，及时返回4f5d激发态再返回基态时的发光。但光谱指纹防伪纤维是稀土铝酸锶、聚合物基材、无机透明色料等纤维组分的共混体，它的发光过程比纯的稀土铝酸锶要复杂得多。光谱指纹防伪纤维的发光过程分析结果表明，光谱指纹防伪纤维的光照激发和光谱发射过程与所用稀土发光材料、聚合物基材、无机透明色料、激发光条件等因素有很大关系。

第六章

光谱指纹防伪纤维光谱特性影响因素的研究

第一节　概述

　　以稀土发光材料和高分子材料为主要原料制成光谱指纹防伪纤维，通过检测其发射光谱曲线鉴别产品真伪。从第五章的实验结果可知，光谱指纹防伪纤维防伪检测时的发光归属于分散其中的稀土发光材料的及时特征发光，共包括两部分：稀土铝酸锶中的Eu^{2+}离子被激发到激发态的电子及时返回基态时的发光；陷阱能级中俘获的部分电子，因热扰动，及时返回4f5d激发态再返回基态时的发光。基态和激发态的能级差决定发光波长，从激发态及时返回基态的电子数决定发光强度。因此，理论上讲，只要控制好跃迁电子的跃迁能级差和跃迁电子数，就能够达到对发射光谱的控制，从而得到具有不同发射光谱特征的发光材料及其制品。但是，由于光谱指纹防伪纤维是稀土发光材料、聚合物基材以及色料等组分的共混体，稀土铝酸锶随机分布在聚合物基材内部，并非整齐排列于纤维表面，在光照激发和发射的过程中必然受到其他组分的影响。从发光过程可知，光谱指纹防伪纤维的发光与纯的稀土铝酸锶相比，过程要复杂，其光照激发和光子发射过程受到了聚合物基材、无机透明色料、激发条件等因素的影响。光谱指纹防伪纤维应用于防伪技术领域是通过检测纤维具有的发射光谱曲线鉴别真伪，因此，阐明各因素对光谱指纹防伪纤维光谱特性的影响情况和影响机理至关重要。

　　本章选取自制稀土铝酸锶为稀土发光材料，分别选取PET、PP（全称Polypropylene）和PA6（全称Polyamide-6）三种聚合物为基材，结合五种无机透明色料，采用熔融纺丝工艺，制备多种光谱指纹防伪纤维样品，借助SEM、XRD和荧光分光光度计等测试手段，深入研究各因素对光谱指纹防伪纤维光谱特性的影响。

第二节　实验部分

一、样品制备

首先按照第二章的烧结工艺和表6-1所示的方案制备稀土铝酸锶发光材料。然后，分别选取PET、PA6和PP为聚合物基材，按照第五章的纺丝工艺和表6-2所示的制造方案，进行光谱指纹防伪纤维样品的制备（表6-2）。

表6-1　稀土铝酸锶发光材料样品的制备方案

原料配方	煅烧温度/℃	恒温时间/h	降温方式	样品简写
按照化学通式 $SrAl_2O_4 : Eu^{2+}_{0.025}, Dy^{3+}_{0.025}$ 进行原料配比，H_3BO_3 的加入量为混合物总量的5%（摩尔）	1300	4	自然冷却	SAOED

表6-2　光谱指纹防伪纤维样品的制备方案

序号	原料配方	纺丝温度/℃	拉伸倍数	样品缩写	样品编号
1	PET切片：稀土铝酸锶=99%：1%[①]	270~300	2.9	White-PET-SAOED（1%）	1#
2	PET切片：稀土铝酸锶=98%：2%	270~300	2.9	White-PET-SAOED（2%）	2#
3	PET切片：稀土铝酸锶=97%：3%	270~300	2.9	White-PET-SAOED（3%）	3#
4	PET切片：稀土铝酸锶=96%：4%	270~300	2.9	White-PET-SAOED（4%）	4#
5	PET切片：稀土铝酸锶=95%：5%	270~300	2.9	White-PET-SAOED（5%）	5#
6	PET切片：稀土铝酸锶=95%：5%	270~300	1.2	White-PET-SAOED（1.2）	6#
7	PET切片：稀土铝酸锶=95%：5%	270~300	1.6	White-PET-SAOED（1.6）	7#
8	PET切片：稀土铝酸锶=95%：5%	270~300	2	White-PET-SAOED（2）	8#
9	PET切片：稀土铝酸锶=95%：5%	270~300	3.5	White-PET-SAOED（3.5）	9#
10	PA6切片：稀土铝酸锶=95%：5%	230~250	2.9	White-PA6-SAOED	10#
11	PP切片：稀土铝酸锶=95%：5%	180~200	2.9	White-PP-SAOED	11#
12	PET切片：稀土铝酸锶：紫色无机透明色料=94.85%：5%：0.15%	270~300	2.9	Violet-PET-SAOED	12#
13	PET切片：稀土铝酸锶：浅蓝色无机透明色料=94.85%：5%：0.15%	270~300	2.9	Wathet blue-PET-SAOED	13#

续表

序号	原料配方	纺丝温度/℃	拉伸倍数	样品缩写	样品编号
14	PET 切片：稀土铝酸锶：巧克力色无机透明色料=94.85%：5%：0.15%	270~300	2.9	Chocolate–PET–SAOED	14#
15	PET 切片：稀土铝酸锶：深卡其色无机透明色料=94.85%：5%：0.15%	270~300	2.9	Dark kachi–PET–SAOED	15#
16	PET 切片：稀土铝酸锶：蓝色无机透明色料=94.85%：5%：0.15%	270~300	2.9	Blue–PET–SAOED（5%）	16#
17	PET 切片：稀土铝酸锶：蓝色无机透明色料=95.85%：4%：0.15%	270~300	2.9	Blue–PET–SAOED（4%）	17#
18	PET 切片：稀土铝酸锶：蓝色无机透明色料=96.85%：3%：0.15%	270~300	2.9	Blue–PET–SAOED（3%）	18#

注　①为质量分数。

二、测试方法

（一）微观形貌测量

按照第五章第二节中所示方法和仪器测试样品的微观形貌。

（二）物相结构测量

按照第五章第二节中所示方法和仪器测试样品的物相结构。

（三）发射光谱测量

按照第五章第二节中所示方法和仪器测试样品的发射光谱。

第三节　结果与讨论

一、聚合物基材的影响

聚合物基材是制造光谱指纹防伪纤维的主要原料，充当着纤维中稀土发光材料的载体角色，是影响光谱指纹防伪纤维光照激发和光子发射的重要因素之一。聚合物基材种类繁多，在分子结构、结晶度、物理性能等方面差异很大，因此，阐明聚合物基材对光谱指纹防伪纤维光谱特性的影响，在一定程度上有助于光谱指纹防伪纤维的品种开发和防伪力度的提高。

目前，有关稀土发光材料发光性能的研究文献较多，然而，有关聚合物/稀土发光材料复合材料发光特性的研究并不多见，主要集中在余辉强度和余辉时间上。Mishra等研究了聚合物/稀土铝酸锶复合薄膜的发光强度和余辉时间，认为聚合物的透明性、抗紫外光能力及发射作用影响了复合材料的发光强度。Zhong等研究了有机溶剂和有机树脂对稀土铝酸锶余辉强度和余辉时间的影响。

本实验分别采用三种不同种类的聚合物为基材，在没有添加无机透明色料的情况下制备光谱指纹防伪纤维样品，深入研究了聚合物基材对光谱指纹防伪纤维激发光谱和发射光谱的影响，进一步阐明了光谱指纹防伪纤维发射光谱曲线特征的变化机理。

具体实验方案和样品编号详见表6-1和表6-2中5#、10#、11#所示。

（一）对激发光谱的影响

图6-1为稀土铝酸锶和不同聚合物基材光谱指纹防伪纤维的激发光谱。

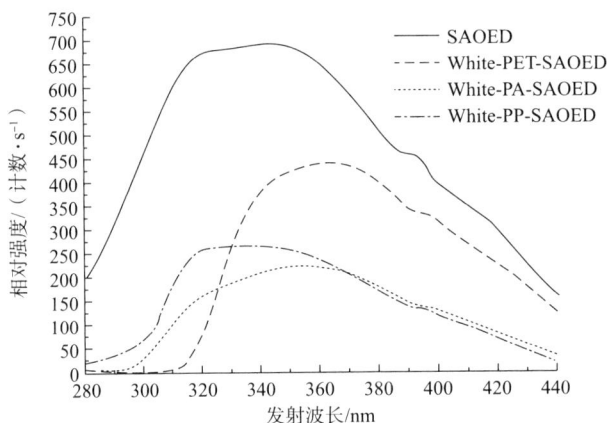

图6-1　稀土铝酸锶发光材料和不同聚合物基材光谱指纹防伪纤维的激发光谱

从图6-1可以看出，稀土铝酸锶的激发光谱是一个连续宽带谱，最强激发峰位于340～360nm。这是由所用稀土铝酸锶发光材料内部的能级结构决定的。对比稀土铝酸锶的激发光谱，可以发现不同聚合物基材的光谱指纹防伪纤维的激发光谱发生三方面变化：激发峰强度减小；最强激发峰位置发生改变；有效激发波长范围缩短。我们认为这主要与聚合物基材的物理性能有关。

首先，与聚合物基材对光的作用有关。聚合物基材对光的吸收、散射和反射等作用，阻碍了激发光进入聚合物基材内部及其在纤维内部的传播，降低了激发光的激发效率。

其次，与抗紫外光性能有关。聚合物基材对紫外光的抵抗作用阻碍了部分紫外光进入纤维内部，造成激发峰的位置向长波方向移动，有效激发范围明显缩短。不同的聚合物具有不同抗紫外光性能，如表6-3所示。三种聚合物中PET最强，部分紫外线在到达纤维表面时就被反射出去，因此，PET-SAOED的紫外光激发波长损失较多，有效激发范围缩短最明显；PP具有最差的抗紫外光性能，因此，它的有效激发光波长损失最小，有效激发范围最大。

表6-3　聚合物基材的物理特性

聚合物	熔点/℃	透明性	抗紫外光性能
聚酯（PET）	261.1	透明	好
聚酰胺（PA）	220.8	半透明	较好
聚丙烯（PP）	170	不透明	差

最后，¹与聚合物的透明度有关。从直观上讲，透明性越好，光子能量损失越小，传播效率也就越高。PET-SAOED透明度最好，因此，它的激发强度最强。然而，激发峰强度与透明性顺序并不完全一致，表现为PET-SAOED>PP-SAOED>PA6-SAOED。如表6-3所示，PA6的透明度优于PP，然而PP基材光谱指纹防伪纤维的激发峰强度大于PA基材的纤维。这是由于稀土铝酸锶在纤维中充当了成核剂的作用，降低了PP结构中大球晶的形成，改善了其透明性。此外，PP内部球晶的表面反射使得光线在纤维中的光程加大，光经过球晶的多次反射，使SAOED的吸收作用得到加强，因此，激发效率优于PA。

（二）对发射光谱的影响

图6-2为稀土铝酸锶与不同聚合物基材的光谱指纹防伪纤维的发射光谱。

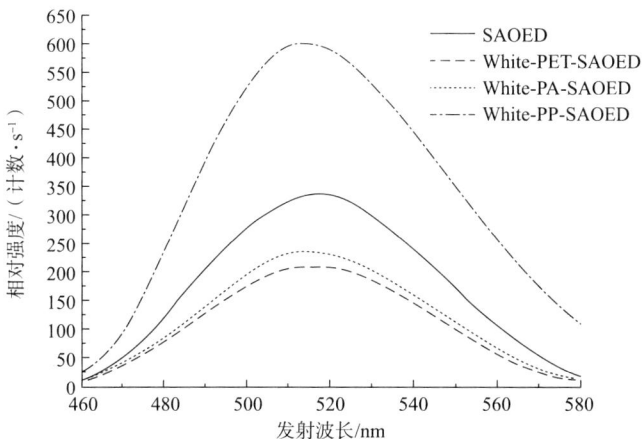

图6-2　稀土铝酸锶发光材料和不同聚合物基材光谱指纹防伪纤维的发射光谱

从图6-2可以看出，稀土铝酸锶的发射光谱是一个连续宽带谱，峰值位于518nm处。与稀土铝酸锶的发射光谱相比，所有光谱指纹防伪纤维发射光谱峰形和峰位没有因聚合物种类的改变而发生明显的移动，表明聚合物基材对光谱指纹防伪纤维的发光波长没有影响。从光谱指纹防伪纤维的发光机制的分析可知光谱指纹防伪纤维的发光来源于分散其中的稀土发光材料，稀土发光材料的光谱特性对纤维的发射光谱有决定性影响。只有稀土离子的跃迁能级差发生改变，稀土发光材料的发射波长才会发生改变。可见，聚合物基材种类的变化并未造成稀土发光材料的发光特性的改变。

从图6-2还可以看出，光谱指纹防伪纤维的发光强度与纯的稀土铝酸锶相比有所降低，而且降低的程度各不相同。笔者认为激发效率的降低是纤维发射强度降低的直接原因。首先聚合物基材的存在不同程度地降低了激发光的激发效率，造成激发能量的不同程度的损耗，因而被激发的电子数有所降低，那么跃迁返回基态的电子数就会减少，造成发光强度降低。其次，稀土铝酸锶被激发后产生的发射光子在纤维中传输受到聚合物基材的阻碍（部分能量被吸收），发生了一定的能量损耗，降低了发射效率，造成发光强度降低。最后，不同的聚合物在透明度和抗紫外性能上存在差异。一方面，聚合物基材透明度越高，越有助于稀土发光材料对光子的吸收和发射，从而光谱指纹防伪纤维的光激发效率和发射效率越高，发光强度就越大；另一方面，聚合物基材的抗紫外性能越好，稀土发光材料的激发效率越低，光谱指纹防伪纤维的激发效率也就越差，发光强度就越低。聚合物基材在两方面作用程度的不同，导致不同基材的光谱指纹防伪纤维发光强度存在差异。

由此可见，聚合物种类对光谱指纹防伪纤维的发光强度有明显的影响，以不同种类聚合物为基材制备的光谱指纹防伪纤维具有不同发光强度的发射光谱曲线。况且聚合物种类繁多，各自的物理特性差异显著，结合稀土发光材料种类与添加量的变化，因此，选取不同的聚合物制备的光谱指纹防伪纤维具有很高的防伪力度。

二、纺丝工艺参数的影响

由于纺丝工艺参数对纤维的取向度、结晶度及比表面积等结构特性有着决定性影响，不同的工艺参数下制成的纤维具有不同的折射率、透明度等光学性能，这对光谱指纹防伪纤维的光激发效率和发射效率影响很大。我们认为这是光谱指纹防伪纤维发光强度随纺丝工艺参数变化而变化的重要原因。

纺丝工艺参数包括温度、纺丝速度、牵伸倍数等，是影响光谱指纹防伪纤维最终形态的重要因素。由于光谱指纹防伪纤维的纺丝工艺尚处于探索阶段，很多参数的控制还需要进一步深入分析。牵伸工艺是纤维形成并条以后进行的二次拉伸，相对比较容易控制。本章仅以牵伸倍数的改变为例展开课题研究。

在其他条件相同的情况下，按照不同牵伸倍数制备了光谱指纹防伪纤维样品，对其发射光谱曲线特征进行了扫描。具体实验方案和样品编号详见表6-1和表6-2中5#、6#、7#、8#、9#所示。

图6-3给出了按照不同牵伸倍数纺制的光谱指纹防伪纤维发光强度的变化曲线。

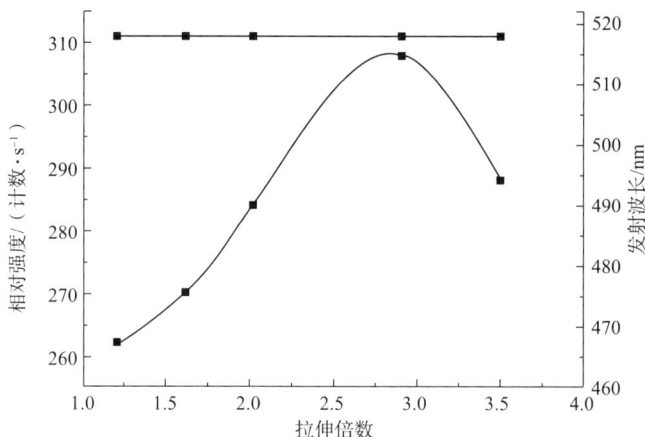

图6-3　牵伸倍数与光谱指纹防伪纤维发光强度的关系

从图6-3可以看出，随牵伸倍数的增大，光谱指纹防伪纤维的发光强度呈现先增大后减小的规律，在牵伸倍数为2.9时达到最大。笔者认为是由于不同的牵伸倍数下制成的纤维具有不同的折射率、透明度等光学性能所致。一方面，随着牵伸倍数的增大，纤维的取向度和结晶度会增加，导致纤维的透明度下降，这不利于发光；另一方面，随着牵伸倍数的增大，纤维比表面积也会增大，增加了纤维中稀土铝酸锶的光照激发效率，这有助于发光。两方面作用效果的差异，造成不同牵伸倍数条件下纤维的发光强度不同。由于复杂的纺丝工艺没有对稀土发光材料的晶体结构造成破坏，因此，其发光特性没有改变，所以，牵伸倍数的变化对纤维的发射波长没有影响。

三、无机透明色料的影响

为了使光谱指纹防伪纤维在日光照射下呈现出不同的外观色彩，通常会添加一些色料。不同的色料在色相、亮度等物理性能上存在差异，对光的选择吸收作用存在差异。从光谱指纹防伪纤维发光过程的分析可知，这些颜料粒子会影响光谱指纹防伪纤维的光照激发和光子发射过程，即使采用相同的纺丝工艺参数和聚合物基材，制备的光谱指纹防伪纤维具有的发射光谱曲线特征也不相同。

在前期研究的基础上，选取稀土铝酸锶为稀土发光材料，PET为聚合物基材，通过添加不同色相的无机颜料，制备了光谱指纹防伪纤维样品，深入研究了无机透明色料对光谱指纹防伪纤维光谱特性的影响。具体实验方案和样品编号详见表6-1和表6-2中5#和12#~18#所示。

（一）微观形貌

图6-4是稀土铝酸锶和不同颜色光谱指纹防伪纤维的SEM照片。

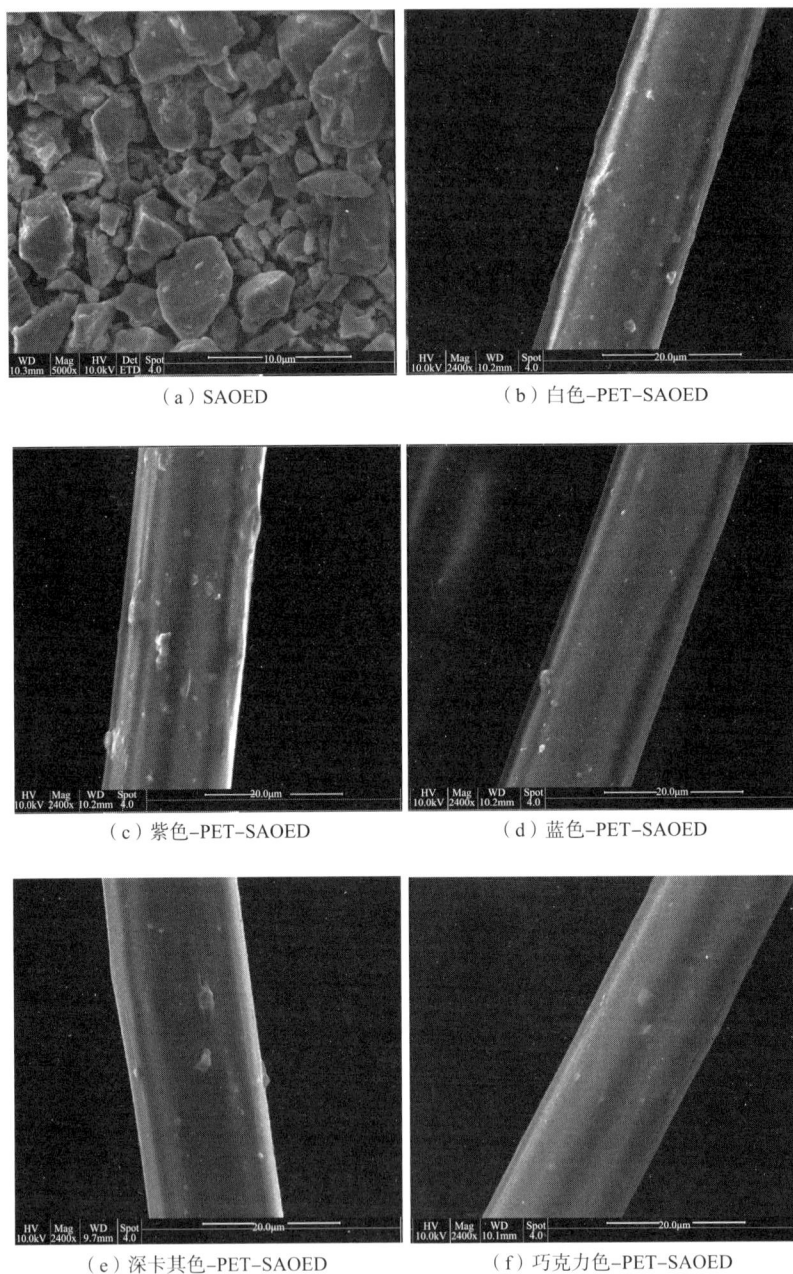

（a）SAOED

（b）白色–PET–SAOED

（c）紫色–PET–SAOED

（d）蓝色–PET–SAOED

（e）深卡其色–PET–SAOED

（f）巧克力色–PET–SAOED

图6-4　不同颜色光谱指纹防伪纤维的SEM照片

从图6-4（a）可以看出，稀土铝酸锶发光材料呈不规则形状，粒度在$1\sim8\,\mu m$分布。从图6-4（b）～（f）可以看出所有纤维样品中稀土铝酸锶呈现随机分布，且仅有极少部分凸出于纤维表面。对比没有添加任何无机透明色料的白色光谱指纹防伪纤维和其他颜色光谱指纹防伪纤维可知，无机透明色料的加入没有改变稀土发光材料的分布状态，纤维样品在外观上没有明显区别。

（二）物相结构

稀土发光材料的物相结构对光谱指纹防伪纤维的发光特性影响很大。为了考察无机透明色料的添加是否对所含稀土发光材料的晶体结构造成影响，对样品进行了XRD测试。图6-5为添加不同无机透明色料制备的光谱指纹防伪纤维的XRD图谱。

从图6-5可以看出，稀土铝酸锶样品的谱图呈多峰且峰型尖锐，2θ位于20.1°、28.5°、29.3°和35.1°处的衍射峰较强。对照JCPDS卡（No.34-0379），该材料物相成分为$\alpha\text{-}SrAl_2O_4$，

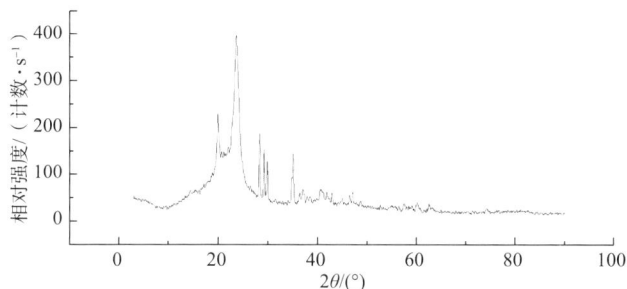

（a）光谱指纹纤维

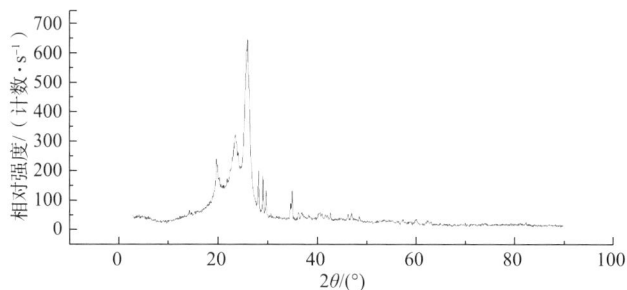

（b）SAOED

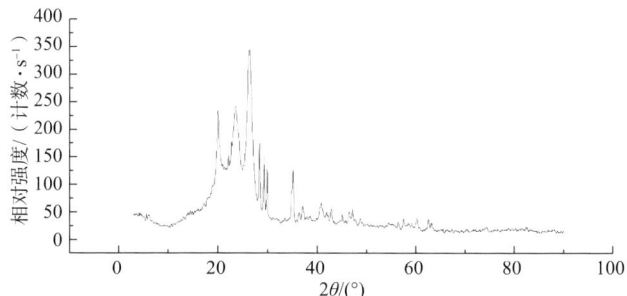

（c）Violet-PET-SAOED

图6-5

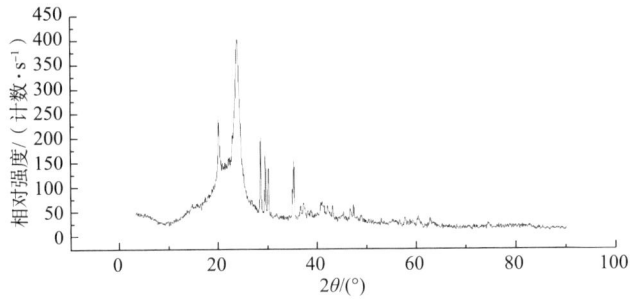

（d）Blue-PET-SAOED

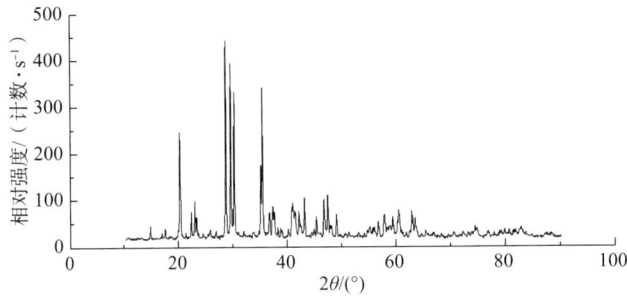

（e）Dark khaki-PET-SAOED

图6-5　样品的XRD图谱

晶格常数为 a=8.442 Å，b=8.822 Å，c=5.160 Å，β=93.415°。所有光谱指纹防伪纤维的XRD
图谱 2θ 位于20.1°、28.5°、29.3°和35.1°处出现与SAOED的谱图相对应的尖锐峰型，此
外，并无新的峰型出现。因此，可以认为不同颜色光谱指纹防伪纤维的物相图谱仅是各组
分物相图谱的简单独立叠加，说明无机透明色料没有对纤维中稀土铝酸锶的物相结构造成
破坏。

（三）颜料对激发光谱的影响

图6-6为不同颜色光谱指纹防伪纤维的激发光谱。

从图6-6中可以看出，添加无机透明色料的彩色光谱指纹防伪纤维与未添加透明色料
的白色光谱指纹防伪纤维相比，激发强度均有所降低。激发强度的顺序为白色>浅蓝色>
蓝色>深卡其色>巧克力色>紫色。这是由于无机透明色料对光的选择性吸收削弱了激发光
的能量，降低了激发效率。通过第三章光谱指纹防伪纤维的发光过程分析可知，当激发光
照射到纤维表面并进入纤维内部传输时，在传输过程中，可能会发生三种情况，其中一种
情况是会有一部分激发光不可避免地要碰到无机透明色料，这部分激发光被其选择性吸收
后，波长和能量发生了改变和损耗。这部分激发光继续传播照射到稀土发光材料时将其激
发，由于该部分激发光已经在波长和能量上发生了一定程度的改变，因而纤维内部稀土发
光材料的激发效率也必然发生改变。由于无机透明色料在色相、明度等特性上的差异，波

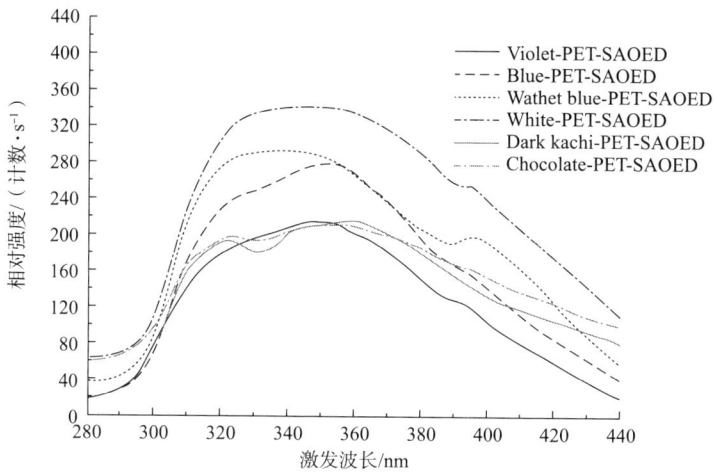

图6-6 不同颜色光谱指纹防伪纤维的激发光谱

长和能量改变和损耗的程度也不同，相当于采用了不同的激发光作用于纤维内部的稀土发光材料，导致不同颜色光谱指纹防伪纤维激发光谱的不同。

（四）颜料种类对发射光谱的影响

图6-7给出了不同颜色光谱指纹防伪纤维的发射光谱。

从图6-7可以看出，不同颜色光谱指纹防伪纤维的发射光谱具有不同的波长和强度，白色光谱指纹防伪纤维的发光强度最强，发射峰位于518nm处。其他颜色光谱指纹防伪纤维的发射光谱与其相比，发射强度有所降低，且发射峰位发生了不同程度的红移或蓝移。就发射强度而言，其顺序为：白色>浅蓝色>蓝色>深卡其色>巧克力色>紫色。就发射波长而言，其顺序为：巧克力色>深卡其色>白色>浅蓝色>蓝色>紫色。这与无机透明色料对光的选择吸收有关。

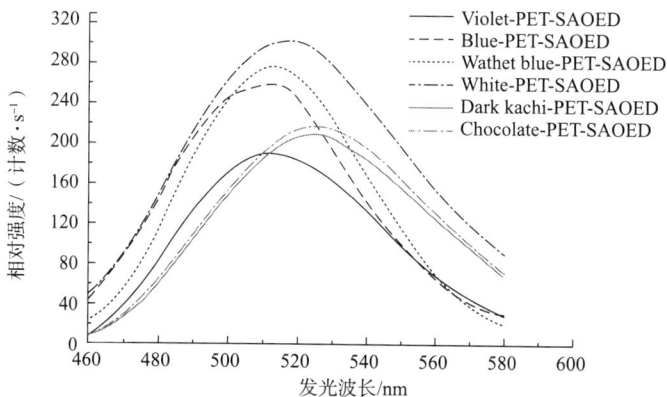

图6-7 不同颜色光谱指纹防伪纤维的发射光谱

当光照射到物体上时，某波长的光子能量与物质内原子的振动能或电子发生跃迁时所需能量相同时，就易被物质吸收，其他波长的光就不易被吸收而发生反射从而形成各自的颜色。当激发光照射光谱指纹防伪纤维时，纤维中的稀土发光材料被激发，产生光子发射，由于无机透明色料和稀土发光材料共混于同一纤维中，必然有一部分要遇到无机透明色料，被其选择吸收后透出纤维表面。由于无机透明色料对光的选择吸收削弱了部分发射光的强度，造成了发光强度的降低。又因颜料特性的差异，导致降低的程度不同，同时，这部分发射光波长会发生红移或蓝移；另一部分发射光没有遇见无机透明色料，直接透过纤维，波长没有发生改变。这两部分折射光混合后，组成了光谱指纹防伪纤维的发射光谱。根据颜色叠加原理，混合色光发光波长相对于各自的发光波长会产生不同程度的红移或者蓝移。两部分折射光的颜色差异越大，混合色光发光波长位移就相对越明显，发光强度变化也就越明显。如图6-9所示，白色光谱指纹防伪纤维的发射光谱峰位为518nm；紫色和蓝色纤维的发射光谱峰位分别为512nm和514nm，发生了蓝移，前者位移大于后者，前者发光强度弱于后者；深卡其色和浅褐色纤维的发射光谱峰位分别为524nm和526nm，发生了红移，前者位移小于后者，前者发光强度强于后者。

由此可见，无机透明色料降低了光谱指纹防伪纤维的激发和发射效率，对光照激发和发射过程影响很大。无机透明色料自身颜色波长与稀土发光材料发光波长的差异程度决定影响程度。两者颜色差异越大，到达纤维表面的发射光强度变化也就越明显，同时，发光波长偏离稀土发光材料的发光颜色，发生红移或蓝移。

（五）颜料含量对发射光谱的影响

为了进一步验证无机透明色料对光谱指纹防伪纤维发射光谱的影响，本实验通过改变无机透明色料与SAOED的相对含量，制备了几种蓝色光谱指纹防伪纤维样品，对其发射光谱特征进行了扫描。

表6-4给出不同相对含量的蓝色和白色光谱指纹防伪纤维的发射光谱特征。

表6-4　不同相对含量的蓝色和白色光谱指纹防伪纤维的发射光谱特征

含量/%		发射光谱特征	
SAOED	无机透明色料	相对强度/（计数 $\cdot s^{-1}$）	发光波长/nm
3	0.15	134	512
	0	213	518
4	0.15	167	514
	0	272	518

续表

含量/%		发射光谱特征	
SAOED	无机透明色料	相对强度/（计数·s⁻¹）	发光波长/nm
5	0.15	258	514
	0	308	518

从表6-4中可以看出，没有添加无机透明色料时，随着稀土铝酸锶含量的增加，光谱指纹防伪纤维的发射强度逐渐增强，而其发光波长却没有发生变化。加入无机透明色料以后，光谱指纹防伪纤维的发光强度均有所降低，发光波长也发生了变化，而且无机透明色料的相对含量越高，该影响越明显。如表6-4所示，在SAOED含量为5%时，添加1.5%的蓝色无机透明色料以后，光谱指纹防伪纤维的发光强度从308变为258，降低了16%，发光波长也从518nm变为514nm。在SAOED含量为3%时，添加1.5%的蓝色无机透明色料以后，光谱指纹防伪纤维的发光强度从213变为134，降低了37%，发光波长也从518nm变为512nm。可见，无机透明色料的含量对光谱指纹防伪纤维光谱特性有很大影响。即使采用相同种类和含量的稀土发光材料和聚合物基材，以及相同的纺丝工艺参数制备的光谱指纹防伪纤维，如果颜料的种类和含量不同，其光谱特征也不相同。

四、激发条件的影响

当激发光照射纤维时，纤维中稀土发光材料中的稀土离子会吸收相应能级水平的能量，发生能级跃迁，形成发光。当激发光条件发生变化时，会造成激发光能量的改变，从而对光谱指纹防伪纤维发射光谱特征造成影响。

选取5#样品为测试对象，通过改变激发强度和激发波长，研究了激发光条件对光谱指纹防伪纤维发射光谱的影响。

图6-8和图6-9分别给出了激发光强度和激发波长与光谱指纹防伪纤维发射光谱特性的关系。

从图6-8和图6-9中可以看出光谱指纹防伪纤维的发射波长均为518nm，没有因激发光强度和波长的变化而变化。表明激发光的波长和强度对光谱指纹防伪纤维的发射波长没有影响。基态和激发态的能级差，即跃迁能级差决定材料的发光波长，稀土发光材料中4f电子层吸收和发射光子的能级水平由其晶体结构决定，只要发光材料的晶体结构保持不变，其吸收和发射光子的能级水平就是确定的。第五章的实验结果表明纤维中稀土发光材料的晶体结构没有发生变化，因此，这就决定其特征发射波长不会发生改变。

从图6-8和图6-9中还可以看出，随着激发强度和激发波长的改变，光谱指纹防伪纤

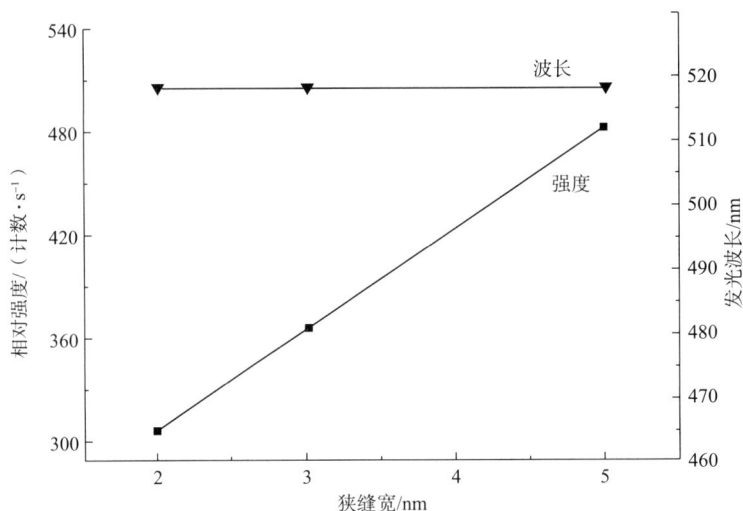

图6-8 激发光强度与光谱指纹防伪纤维发射光谱特性的关系

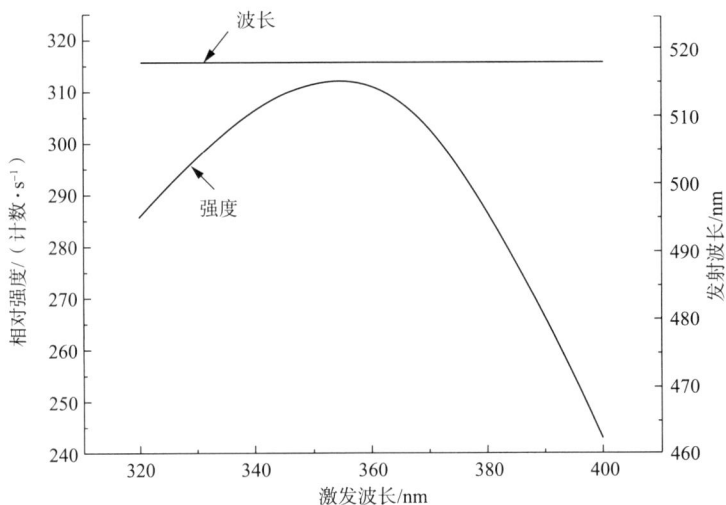

图6-9 激发光波长与光谱指纹防伪纤维的发射光谱特性的关系

维的发射强度却发生了不同程度的变化。在激发波长一定的情况下，随着激发强度的增加，光谱指纹防伪纤维的发射强度逐渐增强（图6-8）。在激发光强度一定的情况下，随着激发波长的增加，光谱指纹防伪纤维的发射强度开始时逐渐增大，到达一个最高点后，逐渐降低（图6-9）。光是一种特殊的电磁波，是光粒子以一定频率振荡形成的。光的波长就是光子振荡一次所经过的距离，它与光的振动频率成反比，而频率与能量成正比。因此，波长与能量成反比，即波长越长，能量越低；波长越短，能量越高。光的强度是光源在某一方向立体角内之光通量大小。光的强度与光通量成正比，但单个光子的能量是一定的。

因此，在激发波长一定时，激发光强度越高，所含能量总值也就越高，被激发的光子数目也就越多，在发光材料缺陷能级一定的情况下，从激发态及时返回基态的电子数会相应增加，故而发光强度增强。在激发强度一定的强度下，当激发光波长与能级水平相应时，激发效率最高，发光强度最大。通过激发光谱扫描，发现光谱指纹防伪纤维的最强激发峰位于365nm附近。

由此可见，激发条件对光谱指纹防伪纤维的发射光谱曲线特征有一定的影响。因此，光谱指纹防伪纤维用于防伪鉴别测量其发射光谱曲线时，为了保证其发射光谱曲线的准确性和唯一性，必须在确定的激发光作用下进行。

本章小结

本章选取稀土铝酸锶为稀土发光材料，分别选取 PET、PP 和 PA6 三种聚合物为聚合物基材，结合五种无机透明色料，制备了多种光谱指纹防伪纤维样品，借助 SEM、XRD 和荧光分光光度计等测试手段，深入研究了各因素对光谱指纹防伪纤维光谱特性的影响。得出如下结论。

（1）不同聚合物基材制备的光谱指纹防伪纤维具有不同发光强度的发射光谱曲线。聚合物基材种类对光谱指纹防伪纤维的发光波长没有影响，但由于聚合物基材对激发光和发射光子的阻碍作用，造成了光谱指纹防伪纤维激发效率和发射效率的降低，激发光谱在最强激发峰值和峰位以及有效激发范围上发生改变，进而造成纤维的发光强度较稀土铝酸锶的有所降低。又由于成纤聚合物基材在透明度、抗紫外光性能等物理性能上的不同，因此，不同基材光谱指纹防伪纤维在发光强度降低程度上也不完全相同。聚合物基材种类繁多，各自的物理特性差异显著，结合稀土发光材料种类与添加量的变化，选取不同的聚合物基材制备的光谱指纹防伪纤维防伪力度更高。

（2）不同牵伸倍数制得的光谱指纹防伪纤维具有不同的发射光谱曲线。实验表明，牵伸倍数的变化对光谱指纹防伪纤维的发射波长没有影响，但对其发光强度有影响。因此，通过改变纤维制造工艺可以使以相同的原料配方制备的光谱指纹防伪纤维具有不同发射光谱曲线特征，进一步增加了光谱指纹防伪纤维的防伪力度。

（3）无机透明色料的添加没有对稀土发光材料在纤维基体中的分散状态及纤维各组分结构造成影响，各彩色纤维在微观形貌上表现出了同质性。由于无机透明色料对光的选择吸收特性，致使光谱指纹防伪纤维的光照激发和光谱发射效率降低，影响了光照激发和发射过程。无机透明色料的种类和含量对光谱指纹防伪纤维的发射光谱具有一定的牵引作用，不仅降低了光谱指纹防伪纤维的发光强度，还使纤维的发光波长发生了不同程度的红移和蓝移。无机透明色料自身颜色波长与稀土发光材料发光波长的差异程度决定影响程度。两者颜色差异越大，到达纤维表面的发射光强度变化也就越明显，同时，发光波长偏离稀土发光材料的发光颜色，发生红移或蓝移。通过添加不同种类无机透明色料可以增加光谱指纹防伪纤维发射光谱曲线的多样性，使光谱指纹防伪纤维具有的发射光谱曲线更难被破译或仿制。

（4）激发强度和激发波长等激发条件对光谱指纹防伪纤维的发射波长没有影响，但对其发光强度影响很大。因此，光谱指纹防伪纤维用于防伪鉴别测量其发射光谱时，为了保证其发射光谱曲线的准确性和唯一性，必须在确定的激发光作用下进行。

第七章

光谱指纹防伪纤维的应用特性研究

第一节　概述

　　光谱指纹防伪纤维是通过检测其具有的发射光谱曲线鉴别真伪。因此，其发射光谱曲线的唯一性和性能稳定性（可靠性）是衡量其防伪特性的重要指标。通过前几章的研究表明：激发条件、纤维原料和制造工艺对光谱指纹防伪纤维的发射光谱影响很大，任意变换其中一个都会不同程度地使光谱指纹防伪纤维具有的发光波长、发光强度等发射光谱曲线特征发生改变。可见，采用不同纺丝原料配方和纺丝工艺参数制备的光谱指纹防伪纤维，在特定激发光作用下，根据发射波长和能量分布的不同形成不同的发射光谱曲线，类似人的指纹，具有唯一性。基于制造者独立设计的光谱指纹防伪纤维具有的发射光谱曲线，在原料配方和工艺参数保密的条件下，非常难以破译或被仿制，具有很高的防伪力度。

　　光谱指纹防伪纤维在实际应用过程中难免会遇到各种外界条件，比如，大气、光照、温度变化、水分、酸碱等，这些都可能会对其发射光谱曲线造成影响，进而影响其防伪力度，因此，其性能稳定性是防伪特性的一个重要评价指标。

　　为了验证光谱指纹防伪纤维的应用特性，本章在前几章研究的基础上再次阐明了光谱指纹防伪纤维具有的发射光谱曲线具有类似人体指纹的唯一性，研究了该纤维具有的发射光谱曲线的可重复测量性及耐久性、耐光性、耐水洗性、耐热性、耐酸碱性等条件稳定特性，实验结果为光谱指纹防伪纤维的应用推广提供了实验参考和理论依据。

第二节 实验部分

一、样品制备

    首先，本章按照第二章的烧结工艺和表7-1所示的制备方案制备稀土铝酸锶发光材料，然后，选取PET聚合物切片为基材，按照第三章的纺丝工艺和表7-2所示的制备方案进行光谱指纹防伪纤维样品的制备。为了方便表达，将所制备的稀土铝酸锶简写为SAOED，光谱指纹防伪纤维样品的缩写详见制备方案（表7-1、表7-2）。

表7-1 稀土铝酸锶发光材料样品的制备方案

原料配方	煅烧温度/ ℃	恒温时间/ h	降温方式	样品缩写
按照化学通式$SrAl_2O_4$：$Eu^{2+}_{0.025}, Dy^{3+}_{0.025}$进行原料配比，$H_3BO_3$的加入量为混合物总量的5%（摩尔）	1300	4	自然冷却	SAOED

表7-2 光谱指纹防伪纤维样品的制备方案

序号	原料配方	纺丝温度/ ℃	拉伸倍数	样品缩写	样品编号
1	PET切片：稀土铝酸锶=95%：5%[①]	270~300	2.9	White-PET-SAOED	1#
2	PET切片：稀土铝酸锶：紫色无机透明色料=94.85%：5%：0.15%	270~300	2.9	Violet-PET-SAOED	2#
3	PET切片：稀土铝酸锶：浅蓝色无机透明色料=94.85%：5%：0.15%	270~300	2.9	Wathet blue-PET-SAOED	3#
4	PET切片：稀土铝酸锶：草绿色无机透明色料=94.85%：5%：0.15%	270~300	2.9	Cycan-PET-SAOED	4#
5	PET切片：稀土铝酸锶：巧克力色无机透明色料=94.85%：5%：0.15%	270~300	2.9	Chocolate-PET-SAOED	5#
6	PET切片：稀土铝酸锶：深卡其色无机透明色料=94.85%：5%：0.15%	270~300	2.9	Dark kachi-PET-SAOED	6#
7	PET切片：稀土铝酸锶：蓝色无机透明色料=94.85%：5%：0.15%	270~300	2.9	Blue-PET-SAOED	7#
8	PA6切片：稀土铝酸锶=95%：5%	230~250	2.9	White-PA6-SAOED	8#
9	PP切片：稀土铝酸锶=95%：5%	180~200	2.9	White-PP-SAOED	9#

注　①为质量分数。

二、测试方法

（一）发射光谱测试

按照第五章方法和仪器测试样品的发射光谱。

（二）耐久性测试

任意选取2种样品，将其分别在干燥（相对湿度≤5.5%）和普通（相对湿度不确定）两种环境下放置1年，定期取样，进行发射光谱测试。取样间隔2个月，测试温度始终控制在室温条件下。观察其发光波长和发光强度的变化。

（三）耐酸碱性测试

选取2种光谱指纹防伪纤维样品，置于NaOH（0.5%）、乙酸（2%）和HCl（0.5%）溶液中，停留5min后，取出，晾干。观察其发光波长和发光强度的变化。

（四）耐光性测试

选取2种光谱指纹防伪纤维样品，在日晒牢度仪（ATLAS-150S）中停留5h，恒温30℃，定时取样，进行发射光谱测试。取样时间间隔为1h。观察其发光波长和发光强度的变化。

（五）耐热性测试

选取2种光谱指纹防伪纤维样品，置于恒温鼓风干燥箱中，于恒定温度下停留2h。温度分别设定为80℃、100℃、120℃、140℃和150℃。观察其发光波长和发光强度的变化。

（六）耐水洗测试

选取2种光谱指纹防伪纤维样品，于室温下将其置于洗衣机中水洗2h，定时取样。取样间隔时间为20min。观察其发光波长和发光强度的变化。

第三节　结果与讨论

一、唯一性

图7-1为9种光谱指纹防伪纤维样品的发射光谱。由图7-1可以看出，不同的光谱指纹

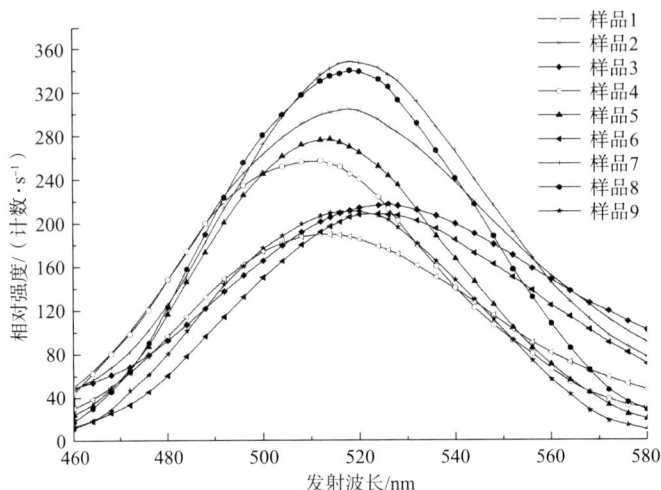

图7-1　9种样品的发射光谱

防伪纤维在特定激发光作用下具有互不相同的发射光谱曲线，类似人的指纹，具有唯一性。

通过前面几章的研究可知，不同的聚合物基材具有不同的物理特性，如结晶度、透明度、抗紫外光性能等，当特定的激发光照射纤维表面时，聚合物基材对光的吸收、反射、散射、折射等作用程度不同，导致光谱指纹防伪纤维的光照激发效率和光谱发射效率存在差异，造成不同基材的光谱指纹防伪纤维具有的发射光谱不同。无机透明色料对光的选择性吸收也是造成光谱指纹防伪纤维发射光谱互不相同的一个重要因素；无机透明色料对光的选择性吸收不仅影响了光在光谱指纹防伪纤维内部的传播，还对纤维内稀土发光材料色光具有一定的牵引作用，使得不同颜色光谱指纹防伪纤维具有不同的发射光谱；稀土发光材料对光谱指纹防伪纤维的发射光谱曲线有决定性影响，稀土发光材料种类繁多，光谱特性丰富多变，为光谱指纹防伪纤维的制造提供了丰富的原料资源；纺丝工艺的牵伸倍数等也会对光谱指纹防伪纤维的发射光谱造成影响。由此可见，基于制造者独立设计的纺丝原料配方和纺丝工艺参数制造的光谱指纹防伪纤维，在特定的激发光作用下具有的发射光谱曲线是唯一的，在纺丝原料配方和纺丝工艺参数保密的情况下，非常难以破译或被仿制，具有很高的防伪力度。

二、可重复测量性

经过抽样，选中7#和3#样品，按照第五章中的方法进行发射光谱测量，连续重复6次。结果如图7-2所示。

由图7-2可以看出，经6次重复测量，光谱指纹防伪纤维样品的发射光谱曲线测量结果是一致的，没有发生任何改变，表现出了良好的可重复测量性。从前面的研究结果可知，在激发条件相同时，纤维具有的发射光谱是唯一的。良好的可重复测量性是保证光谱

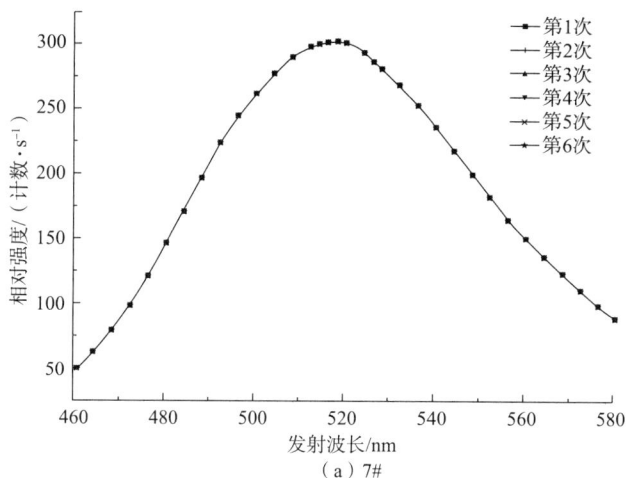

（a）7#

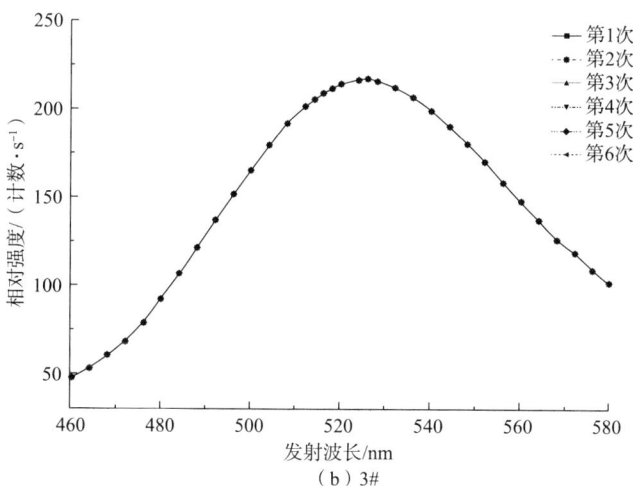

（b）3#

图7-2　重复6次测量的样品的发射光谱

指纹防伪纤维检测准确性的前提。

三、耐久性

经过抽样，选中2#和7#样品进行耐久性测试，为了保持测量结果的一致性，测试温度始终控制在室温条件下。测试结果如图7-3所示。

从图7-3可以看出，经过不同时间的存放，光谱指纹防伪纤维的发射波长没有发生变化，发射强度发生了轻微的改变，但从发光强度变化的程度来看，并不明显。

表7-3给出了2#样品干燥环境和普通环境下光谱指纹防伪纤维不同存放时间的发光强度对比。

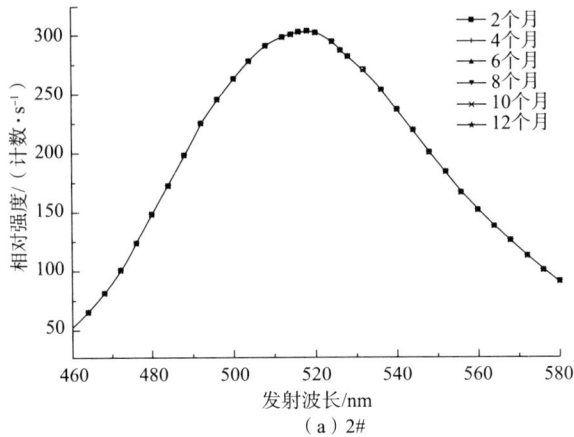

（a）2#

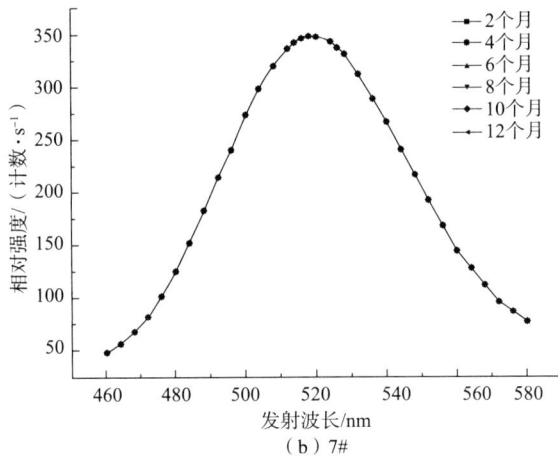

（b）7#

图7-3　存放一定时间后样品的发射光谱（干燥环境）

表7-3　不同相对湿度下存放不同时间后样品的相对发光强度

时间/月		2	4	6	8	10	12
相对强度/ (计数·s⁻¹)	普通环境	304.6	304.6	304.4	302.8	301.6	301.2
	干燥环境	304.6	304.6	304.6	303.6	302.6	302.2

从表7-3可以看出干燥和普通环境中，存放前6个月发光强度基本没发生变化，说明光谱指纹防伪纤维的发射光谱曲线具有一定的耐久性。存放12个月后，普通环境中降低1.1%；干燥环境下，降低仅为0.7%，变化非常微弱。我们推断发光强度的轻微变化与聚合物基材经长时间的存放而表面发生氧化，以及分布于纤维表面的极少数稀土铝酸锶发生水解有关。干燥的环境避免了因水解造成的强度降低，所以降幅较弱。因此，存放光谱指纹防伪纤维应保持环境的干燥性，或者进一步提高纤维的抗氧化能力，以便进一步提高纤维的耐久性能。

四、耐酸碱性

取1#、8#样品进行耐酸碱性测试。结果见表7-4。

表7-4　经一定时间不同的酸碱处理后样品的发射光谱曲线特征

样品序号	时间/min	光谱特征	酸碱试剂		
			CH₃COOH（2%）	HCl（0.5%）	NaOH（0.5%）
1#	0	发光波长/nm	512	512	512
		相对强度/2（计数·s⁻¹）	190	190	190
	1	发光波长/nm	512	512	512
		相对强度/2（计数·s⁻¹）	189	188	188
	2	发光波长/nm	512	512	512
		相对强度/2（计数·s⁻¹）	188	187	186
	5	发光波长/nm	512	512	512
		相对强度/2（计数·s⁻¹）	172	152	143
8#	0	发光波长/nm	518	518	518
		相对强度/2（计数·s⁻¹）	340	340	340
	1	发光波长/nm	518	518	518
		相对强度/2（计数·s⁻¹）	341	338	338
	2	发光波长/nm	518	518	518
		相对强度/2（计数·s⁻¹）	336	335	334
	5	发光波长/nm	518	518	518
		相对强度/2（计数·s⁻¹）	302	294	286

由表7-4可以看出，经过不同时间、不同浓度酸碱处理后，两种光谱指纹防伪纤维样品的发光波长均没有发生明显变化，但发光强度有所改变。在1~2min内，发光强度降低并不明显，说明光谱指纹防伪纤维的发射光谱曲线具有一定的耐酸碱特性。但浸泡5min时，发光强度开始出现明显的下降。随着酸碱度的不同，相对发光强度的下降程度不相同。从实验数据不难看出下降程度排序为NaOH（0.5%）>HCl（0.5%）>乙酸（2%）。可见，经不同浓度、不同时间的酸碱处理，光谱指纹防伪纤维的发射光谱曲线也会发生不同程度的变化。即便是纺丝原料和纺丝工艺完全相同，对光谱指纹防伪纤维的后处理工艺不同，其发射光谱曲线也会不同。从这一层面而言，该变化增加了该纤维的防伪力度。从另外一个层面而言，虽然光谱指纹防伪纤维具有一定的耐酸碱性，在使用过程中也应尽量避免酸碱的长时间侵蚀。

五、耐光性

经过抽样，选中1#、3#样品进行耐光性测试。结果如图7-4所示。

由图7-4可以看出，经过一定时间的光照后，光谱指纹防伪纤维在特定激发光作用下具有的发射光谱曲线几乎没有发生变化。这说明光谱指纹防伪纤维的发射光谱曲线具有良好的耐光性。当然，这也与聚合物基材自身的耐光性有很大关系。聚合物基材的耐光照特性越好，光谱指纹防伪纤维的物理特性保持就越好，其耐光性也就相对越好。

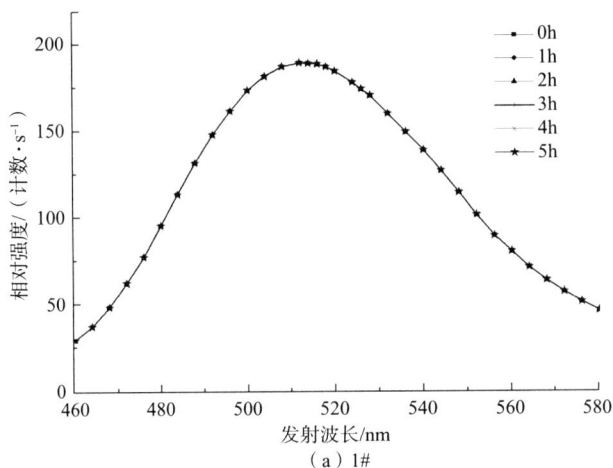
（a）1#

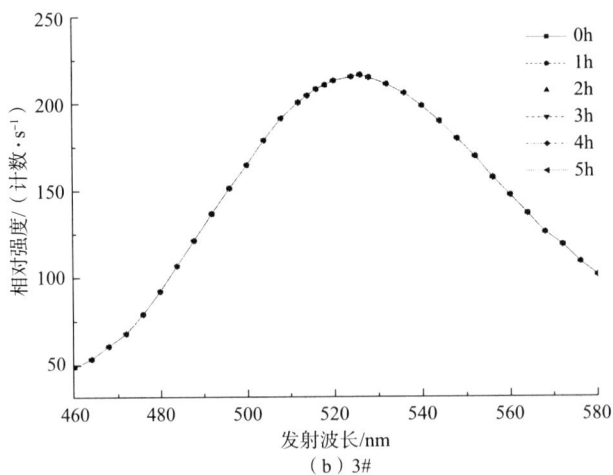
（b）3#

图7-4　经一定时间光照后样品的发射光谱曲线

六、耐热性

经过抽样，选中5#、6#样品进行耐热性测试，结果如图7-5所示。

由图7-5可以看出，经过不同温度的热处理之后，光谱指纹防伪纤维在特定激发光作

（a）5#

（b）6#

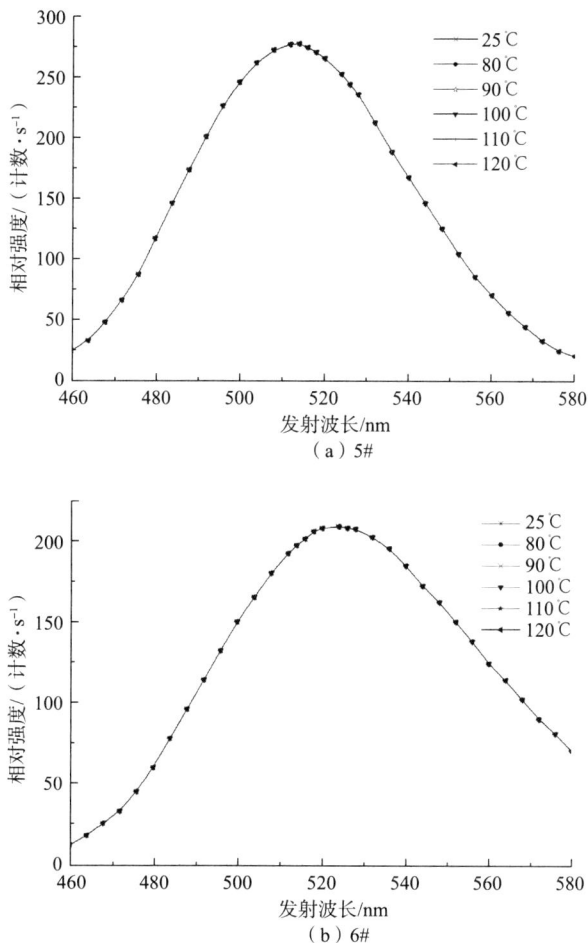

图7-5　经2h不同温度热处理后样品的发射光谱曲线

用下具有的发射光谱曲线几乎没有发生变化。这说明光谱指纹防伪纤维具有很好的耐热性。

七、耐水洗性

经过抽样，选中4#、9#样品进行耐水性测试，结果如图7-6所示。

由图7-6可以看出，经过不同时间水洗之后，光谱指纹防伪纤维在特定激发光作用下具有的发射光谱曲线的形状和波形没有发生变化，发光强度在开始的时候略有降低，随后趋于稳定。这是由于大部分稀土铝酸锶分布在纤维内部，被聚合物包覆，仅有极少数的稀土铝酸锶分布在纤维表面。光谱指纹防伪纤维在水洗过程中，分布于纤维表面的极少数稀土铝酸锶表面发生水解，导致其发光强度降低。由于数量极少，因此，经洗涤后发光强度变化不太明显。由此可见，光谱指纹防伪纤维具有较好的耐水洗特性。

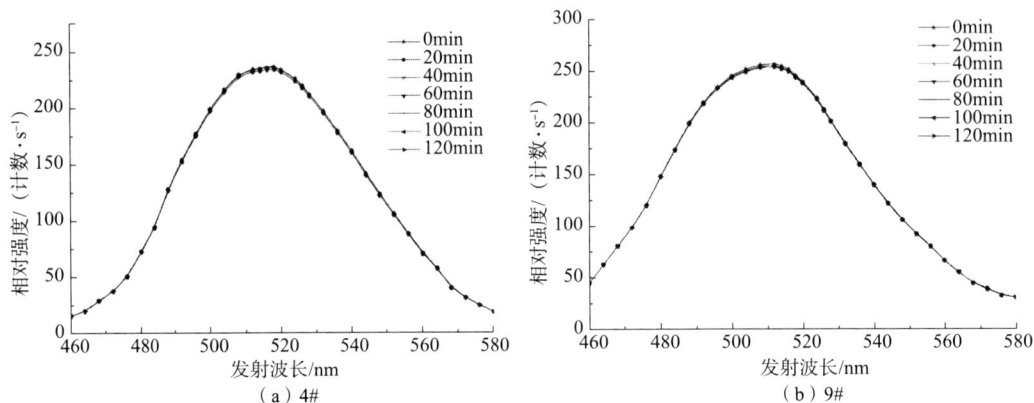

图7-6   经不同时间水洗后样品的发射光谱曲线

本章小结

本章制备了九种光谱指纹防伪纤维样品，借助荧光分光光度计对样品再现性和耐久性、耐光性、耐水洗性、耐热性、耐酸碱性等应用特性进行测试，研究了该纤维的防伪稳定性和可靠性。得出如下结论。

（1）不同光谱指纹防伪纤维在特定激发光作用下的发射光谱曲线，类似于人的指纹，具有唯一性。

（2）光谱指纹防伪纤维的发射光谱曲线具有很好的可重复测量性。

（3）光谱指纹防伪纤维具有一定的耐热性、耐光性、耐水洗性、耐久性和耐酸碱性。但长时间水洗、存放或者酸碱侵蚀会造成发光强度的降低。因此，在使用的过程中尽量保持存储环境的干燥，尽量避免酸碱的长时间侵蚀。

通过对光谱指纹防伪纤维发光光谱曲线再现性和条件稳定性分析可知，该纤维具有良好的防伪应用特性。

第八章

硅酸锌锶/PAN 光谱指纹防伪纤维的发光特性

第一节　概述

随着稀土发光材料研究的不断深入，性能优良的稀土发光材料不断出现，适合制造光谱指纹防伪纤维的稀土发光原料也越来越多。硅酸盐长余辉材料也是一种应用极其广泛的长余辉材料。相对稀土铝酸盐材料，硅酸盐长余辉材料有以下优点：余辉光谱范围更宽，覆盖到了橙色和红色长波发射；化学稳定性好，水中浸泡20天后仍能保持稳定的余辉现象；硅酸盐长余辉材料可以用于陶瓷行业。

本章选取了蓝光发射的长余辉发光材料硅酸锌锶为发光材料，聚丙烯腈（PAN）为纤维基材，尝试开发了一种新型光谱指纹防伪纤维，研究了该纤维的发光特性，为开发更高质量的光谱指纹防伪纤维提供理论基础和实验依据。

第二节　实验部分

一、样品制备

将 $SrCO_3$、ZnO、SiO_2、Eu_2O_3 和 Dy_2O_3 按一定化学计量比准确称量，加入适量助熔剂 H_3BO_3，充分研磨混合均匀后装入氧化铝方舟，再置入高温炉，在碳粉还原气氛下，以

10℃/min的速度升至1400℃，恒温焙烧3h，自然冷却至室温取出，产物经再次研磨、筛选得到所需稀土发光材料样品SZSOED。

预先将PAN粉体采用分段升温法进行烘干：分别在真空干燥箱中60℃、70℃、90℃和120℃下各烘1h。然后称取定量的PAN和DMSO（二者的比例为25%，）配置成均匀的纺丝原液。再称取定量的稀土发光材料（添加量为1%、3%、5%、7%），加入上述纺丝原液后，并混合均匀。采用注射器和增压装置进行湿法纺丝。在室温（25℃）下，将原液纺成凝固浴（去离子水），推进速度为7mL/min。

二、测试方法

（一）微观形貌

采用荷兰FEI公司Quanta200扫描电子显微镜测试样品的微观形貌。

（二）物相结构

采用德国Bruker AXS公司的D8 advance型X射线衍射仪对试样进行物相结构分析，测试条件为：Cu—KoL X射线发生器，管电压40kV，管电流30mA，扫描范围3°~80°，扫描速度4°/min。

（三）光谱特性

采用日立F-4600荧光分光光度计测定样品的激发、发射光谱。测试条件为：氙灯175W，光电倍增管电压350V，扫描速度1200nm/min。

第三节　结果与讨论

一、样品的微观形貌分析

图8-1给出了不同添加量新型光谱指纹防伪纤维的SEM照片。可以看出，此方法制备的纤维直径在400~450μm，硅酸锌锶发光材料在纤维中呈随机分布状态，仅有极少部分发光材料颗粒凸出于纤维表面。这种分散状态有利于光谱指纹防伪纤维保持良好、持久的发光性能。但随着发光材料添加量的增加，纤维表面会越来越不光滑。这说明，防伪纤维中的荧光粉含量会对纤维的表面性能有一定的影响。

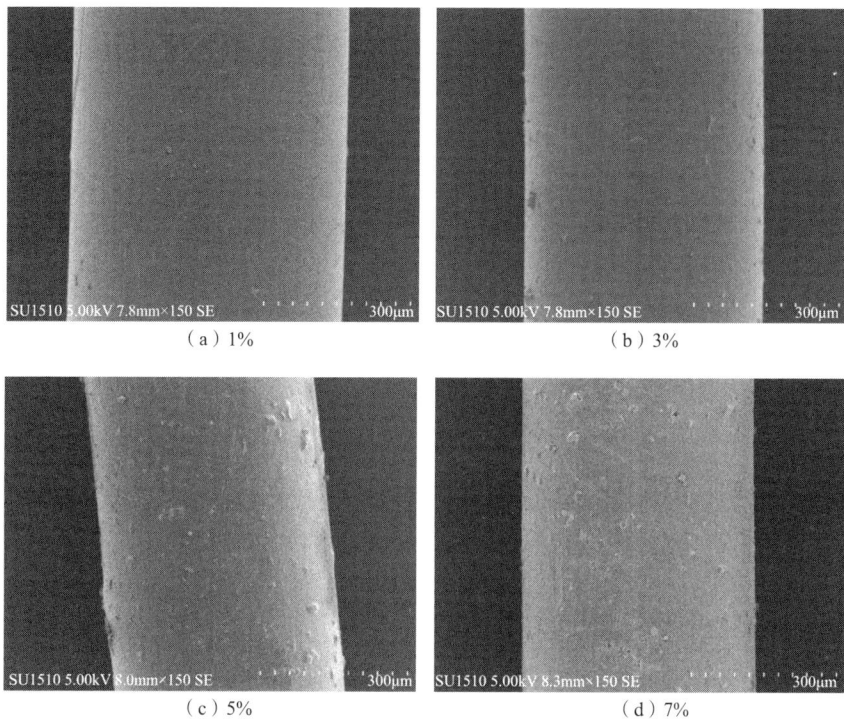

（a）1%　　　　　　　　　　　　（b）3%

（c）5%　　　　　　　　　　　　（d）7%

图8-1　不同SZSOED添加量的SZSOED/PAN纤维的SEM图像

二、样品的物相结构分析

图8-2给出了SZSOED、PAN纤维和SZSOED/PAN纤维的XRD图。可以看出，SZSOED衍射峰尖锐，与JCPD-39-0235相一致。在测量精度范围内，未出现其他杂质相，表明样品基体为硅酸锌锶的纯相。硅酸锌的阳离子以较强的共价键结合在一起，其两个[SiO_4]四面体通过共用一个氧原子而形成一个独立的[Si_2O_7]基团。[Si_2O_7]基团通过四配位中的Zn离子与八配位中的Sr离子结合在一起。这种化学键使SZSOED发光材料具有较强的热稳定性和化学稳定性。PAN纤维在17°和29°处有两个衍射峰。17°衍射峰很强，29°衍射峰很弱。结果表明，PAN纤维样品准晶区的完整性较差，非晶区的横向有序性很强，整体上没有完整的有序取向。PAN纤维和SZSOED/PAN光谱指纹防伪纤维样品均为初生纤维，在制备过程中没有进一步的拉伸，因此，其结晶和取向远低于完全拉伸的纤维。从衍射图谱看，在SZSOED/PAN光谱指纹防伪纤维中，衍射图具有与SZSOED衍射峰相对应的特征峰，同时在17°处的衍射峰非常微弱。此外，防伪纤维的衍射图谱中没有其他特征峰出现。因此，可以认为防伪纤维的衍射图为SZSOED的特征峰与PAN的衍射峰的简单叠加，这有利于保证硅酸锌锶的发光和PAN纤维的物理、化学性质。

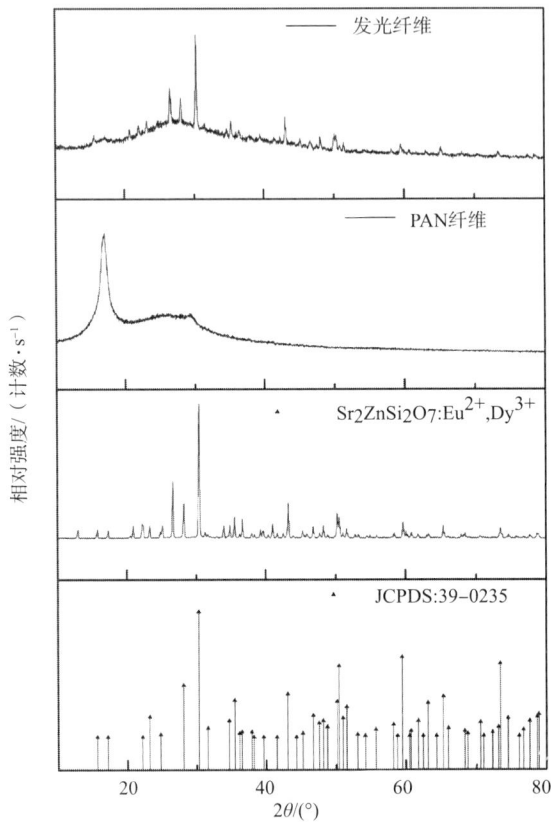

图8-2　SZSOED、PAN纤维和SZSOED/PAN纤维（5%）的XRD图谱

三、样品的激发光谱和发射光谱

图8-3给出了SZSOED和SZSOED/PAN光谱指纹防伪纤维样品的激发光谱和发射光谱。可以看出SZSOED的有效激发波长为250~450nm，最强激发峰在360nm附近，最强发射峰位于470nm附近。这归因于SZSOED中Eu^{2+}离子的能级和电子跃迁。Eu^{2+}离子中各能级的电子在激发光激发时吸收相应的能量，然后开始从4f基态跃迁到5d激发态。因此，产生大量的吸收光谱带，形成了连续的光谱。比较两种样品的发射光谱不难看出，它们非常相似，波形和峰位基本不变，只是发光强度不同。光谱指纹防伪纤维的发光强度低于纯SZSOED。从X射线衍射分析可知，复合纺丝工艺和PAN基体没有破坏SZSOED的晶体结构。因此，SZSOED的发光特性没有改变。前期的研究表明，光谱指纹防伪纤维的发光主要归因于分散在其中的稀土发光材料，光谱指纹防伪纤维的发光特性与SZSOED相似。但由于聚合物基体的存在具有一定的吸收、反射、透射和光吸收能力，降低了光谱指纹防伪纤维的激发效率。在相同的激发光激励下，光谱指纹防伪纤维能级跃迁过程中产生的光子数比纯SZSOED少，从而降低了纤维的发射强度。

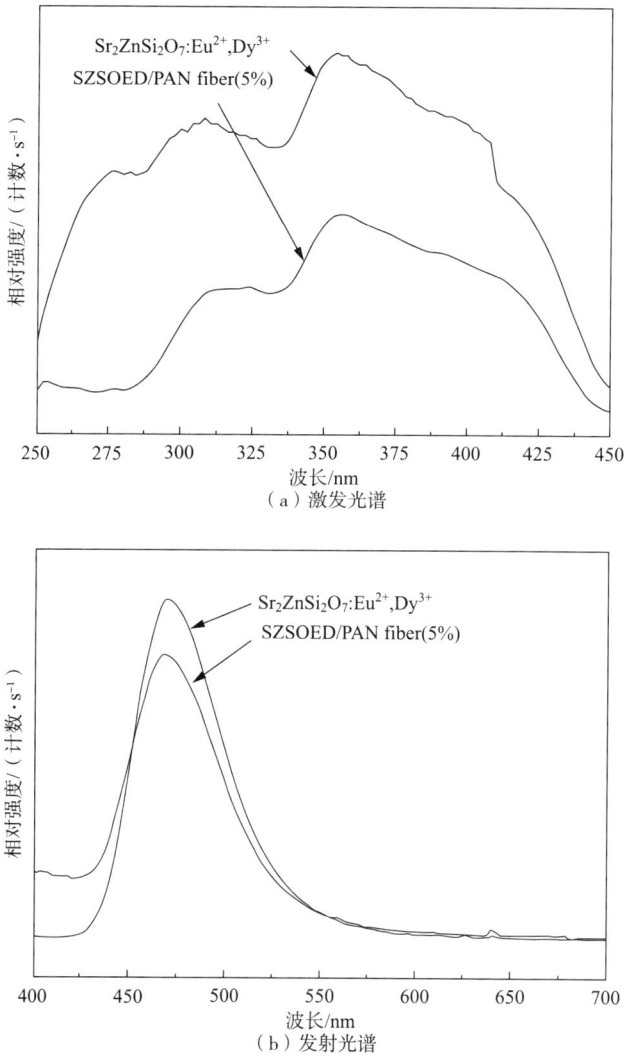

图8-3　SZSOED和SZSOED/PAN光谱指纹防伪纤维样品激发光谱和发射光谱

四、发光材料添加量对发射光谱的影响

图8-4给出了不同质量比的SZSOED/PAN纤维的激发和发射光谱。所有样品的发射光谱波形相似，最强发射峰值相同，均在470nm左右，最强发射峰基本相同，其他特征峰均未出现。随着发光材料添加量的增加，光谱指纹防伪纤维的发射强度逐渐增大。稀土发光材料的发光是由稀土离子的4f电子跃迁产生的，能级跃迁过程中产生的光子越多，发光强度越高。但发光强度的增加与发光材料含量的增加不成正比。这是因为大部分发光材料都嵌在纤维中，只有少数材料分散在纤维表面。当激发光照射在纤维表面时，只有位于纤维表面的发光粉颗粒才能得到有效的激发，而分散在纤维内的荧光粉不能得到有效的激发。

激发光经过纤维表面的多次反射和折射，才能到达位于纤维内的发光材料粒子。内部发光粉粒子同样也要经过多次反射和折射，才能从纤维表面发射出光线。可见，发光纤维中稀土发光材料的发光效率降低。由此可见，通过控制稀土发光材料的添加量可以控制纤维的光谱线，这无疑提高了这种新型防伪纤维的防伪强度。

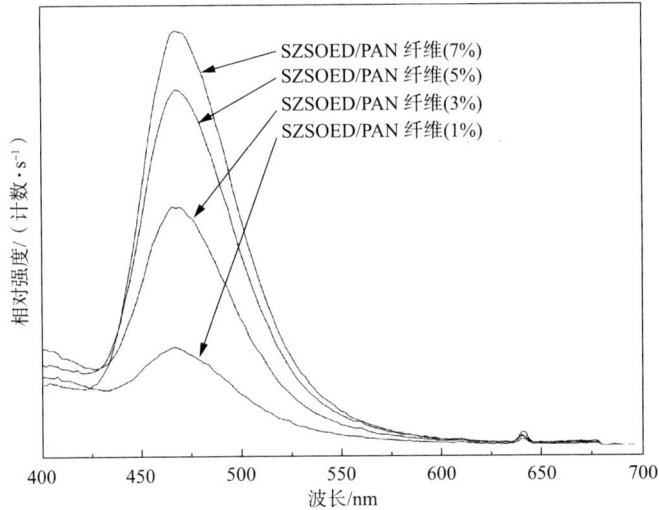

图8-4 为不同硅酸镁锶添加量的光谱指纹防伪纤维的发射光谱

本章小结

选取蓝光发射的长余辉发光材料硅酸锌锶，PAN为纤维基材，尝试开发了一种新型光谱指纹防伪纤维。

（1）采用的纺丝工艺为探索性纺丝工艺，制备性能优良的光谱指纹防伪纤维产品，仍需改进。

（2）$Sr_2ZnSi_2O_7$：Eu^{2+}，Dy^{3+}/PAN光谱指纹防伪纤维具有与$Sr_2ZnSi_2O_7$：Eu^{2+}，Dy^{3+}发光材料相似的光谱特性。纤维最强的激发峰在360nm附近，最强的发射峰在470nm附近。

（3）纤维的发光强度随发光材料的添加量而发生明显变化。

由此可见，$Sr_2ZnSi_2O_7$：Eu^{2+}，Dy^{3+}/PAN复合发光纤维保持了光谱指纹防伪纤维的基本特性，是一种具有较高防伪力度的新型防伪纤维。随着发光材料领域研究的不断深入，适合制备光谱指纹防伪纤维的原料会越来越多，在纤维制造配方和制备工艺参数保密的情况下，使得纤维更加难以被破译和仿制。

第九章

双中心光谱指纹防伪纤维的光谱特性研究

第一节 概述

对于先前开发的单一发光中心光谱指纹防伪纤维而言，纤维基材、纺丝工艺参数的变化只能带来发光强度的变化，对发光波长几乎没有影响。通过添加无机或有机颜料的方式可以得到不同光色的防伪纤维，也增加了纤维的防伪力度，但同时也造成了纤维发光强度的二次损耗。由于纤维基材对光的反射、吸收和折射作用，光谱指纹防伪纤维的发光强度与纯的稀土发光材料相比有所减弱，这是无法避免的发光损失。色料的添加虽然丰富了纤维的发光谱线，加大了防伪力度，但由于色料显色时吸收了稀土发光材料发射光的部分能量，造成纤维的发光强度再次减弱。因此，探索改善光谱指纹防伪纤维发光效率的方法与机制，进一步提高光谱指纹防伪纤维的发光强度，成为关注点。

由于稀土发光材料内部结构和能级水平的不同，受到特定的激发光照射时会发出特定波长的发射光。每个稀土发光材料颗粒可视为一个点光源。将不同色光的点光源混合在一起，就会形成一个多元发光混合体。根据"色光加色混合原理"，当不同色光混合时，会产生重叠效应，不仅颜色会发生变化，而且亮度会增加，这为开发高亮度的光谱指纹防伪纤维提供了新的切入点和强有力的理论指导。第三章的研究成果表明，多元稀土发光材料混合体的发光不仅遵循"色光加色混合原理"，而且发生了荧光共振能量转移；不仅发光波长发生了某种程度的位移，而且其发光亮度有所增强。

本研究通过添加蓝光发射的 $Sr_2MgSi_2O_7$：Eu^{2+},Dy^{3+} 和绿光发射的稀土铝酸锶两种发光材料，开发了一种双发光中心复合发光的新型光谱指纹防伪纤维，研究了该纤维的光谱特性，为开发更高质量的光谱指纹防伪纤维提供理论基础和实验依据。

第二节　实验部分

一、样品制备

采用高温固相法制备稀土发光材料，按照设定的化学计量比准确称量 $SrCO_3$、Al_2O_3、Eu_2O_3 和 Dy_2O_3，再加入一定量的 H_3BO_3（AR），将原料混合后，加入适量无水乙醇（AR），超声分散，使之混合均匀。在80℃条件下烘干，研磨后，在弱还原气氛下以10℃/min的速度升至设定温度，焙烧，产物经再次研磨、筛选后得到所需样品SAOED。

将 $SrCO_3$、$4MgCO_3 \cdot Mg(OH)_2 \cdot 6H_2O$、$SiO_2$、$Eu_2O_3$ 和 Dy_2O_3 按一定化学计量比准确称量，加入适量助熔剂 H_3BO_3，充分研磨混合均匀后装入氧化铝方舟，再置入高温炉，在碳粉还原气氛下，以10℃/min的速度升至1400℃，恒温焙烧3h，自然冷却至室温取出，产物经再次研磨、筛选后得到所需稀土发光材料样品SMSOED。

预先将PAN粉体采用分段升温法进行烘干：分别在真空干燥箱中60℃、70℃、90℃和120℃下各烘1h。然后称取定量的PAN和DMSO（二者的比例为25%，）配制成均匀的纺丝原液。再称取定量的稀土发光材料（添加量为1%、3%、5%、7%），加入上述纺丝原液后，并混合均匀。采用注射器和增压装置进行湿法纺丝。在室温（25℃）下，将原液纺成凝固浴（去离子水），推进速度为7mL/min

绿—蓝两种稀土发光材料添加总量为5%，绿—蓝两种发光材料的混合比分别取1∶0，0∶1，1∶1，1∶3，1∶5。然后再选取1∶1的混合体进行定量添加制备双中心发光纤维，变化量为1%、5%、9%、13%、17%。

二、测试方法

（一）微观形貌

用荷兰FEI公司Quanta200扫描电子显微镜测试样品的微观形貌。

（二）物相结构

采用德国Bruker AXS公司的D8 advance型X射线衍射仪对试样进行物相结构分析，测试条件为：Cu—KoL X射线发生器，管电压40kV，管电流30mA，扫描范围3°~80°，扫描速度4°/min。

（三）光谱特性

采用日立F-4600荧光分光光度计测定样品的激发、发射光谱。测试条件为：氙灯175W，光电倍增管电压350V，扫描速度1200nm/min。

第三节　结果与讨论

一、微观形貌

图9-1给出了制备的新型光谱指纹防伪纤维与发光材料的SEM图像。由图9-1（a）和图9-1（b）可以看出，纤维的直径约为450μm。由于纤维表面含有稀土发光材料，纤维表面不是很光滑，如图9-1（a）所示有一些凹坑或凸起。如图9-1（b）所示，纤维中存在空隙，稀土发光材料的混合物随机分布在纤维中。这与实验中采用的纤维制备工艺有关。首先，纤维纺丝的注射针直径较大，纤维成型过程中没有拉伸，导致纤维较粗。其次，在纺丝过程中，DMSO的用量、混凝浴条件和牵伸工艺都对纤维内部结构有很大的影响。为了进一步观察纤维基材中发光中心的状态，增大SEM放大倍数，如图9-1（c）所示。对比图9-1（c）和图9-1（d）可以看出，纤维中的发光中心发生了团聚，纤维中团聚粉的粒径为20~30μm。空腔结构和发光中心的聚集也会影响纤维的光学性能。这证实了采用的湿法纺丝工艺并不是生产PAN光谱指纹防伪纤维的最佳工艺，虽然简单的工艺技术能够在实验室环境下证明纤维的防伪原理。为了获得均匀的发光指纹防伪纤维，在今后的研究中还需要进一步探索合适的纺丝工艺。

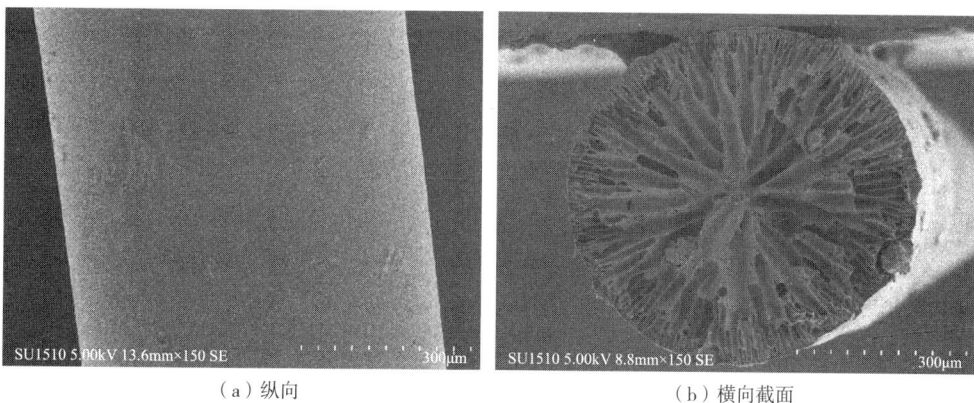

SU1510 5.00kV 13.6mm×150 SE　300μm	SU1510 5.00kV 8.8mm×150 SE　300μm
（a）纵向	（b）横向截面

图9-1

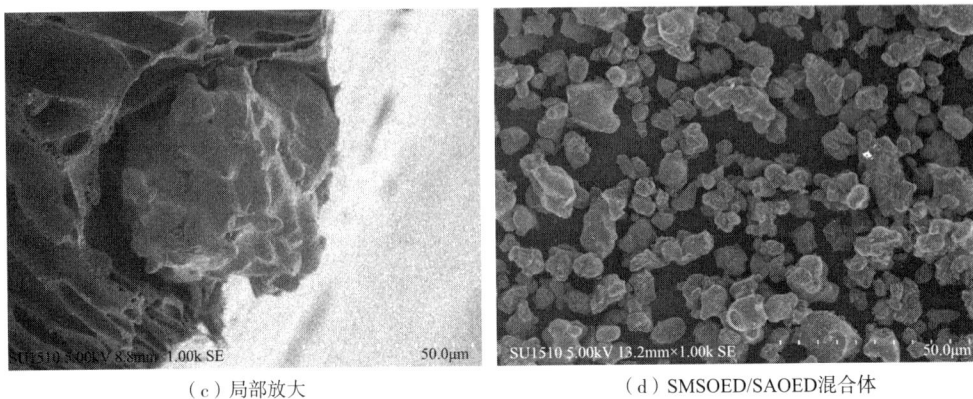

（c）局部放大 　　　　　　　　（d）SMSOED/SAOED混合体

图9-1　SAOED/SZSOE/PAN防伪纤维的SEM照片

二、样品的物相结构分析

图9-2为发光材料样品和新型光谱指纹防伪纤维的XRD图谱。自制硅酸镁锶和稀土铝酸锶的衍射峰峰型尖锐，对照JCPDS卡（No. 39–0235和NO. 34–0379），该材料物相成分为硅酸镁锶和铝酸锶。测试精度范围内无其他杂质相出现，说明是样品基质为硅酸镁锶和铝酸锶的纯相。聚丙烯腈纤维XRD曲线上有两个衍射峰。在2θ位于17°和29°，以及2θ位于20.1°、28.5°、29.3°和35.1°处，出现与硅酸镁锶、稀土铝酸锶的谱图相对应的尖锐峰型，此外，无其他特征峰出现，这说明经过复杂的纺丝工艺后，发光材料和纤维基材的物相结构没有遭到破坏。因此，可以认为防伪纤维的XRD图谱为发光材料和PAN聚合物基材的独立叠加。这保证了光谱指纹防伪纤维可具有发光材料混合体的发光特性和PAN纤维的理化性能。

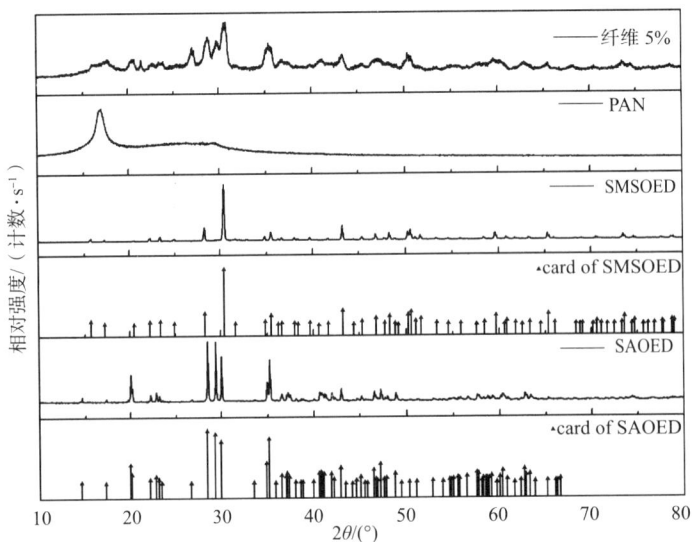

图9-2　发光材料样品和新型光谱指纹防伪纤维的XRD图谱

三、激发和发射光谱分析

图9-3为发光材料混合体和新型光谱指纹防伪纤维的激发和发射光谱。从图9-3可以看出，SAOED/SMSOED混合物和光谱指纹防伪纤维样品的激发光谱和发射光谱都是在354nm附近有一个主激发峰，在514nm附近有一个主发射峰的宽带光谱。从样品的激发光谱可以看出，光谱指纹防伪纤维与纯SAOED/SMSOED混合物的激发波长范围和激发峰位置基本相同，有效地保证了光谱指纹防伪纤维与所使用的稀土发光材料具有相同的激发光谱。从两种样品的发射光谱可以看出，纤维和SAOED/SMSOED混合功率的发射峰位置也基本相同，说明PAN基体对纤维的发射波长没有明显的影响。与纯SAOED/SMSOED混合物相比，纤维的激发和发射强度有明显的降低，如图9-3所示。这可能与纤维中发光材料含

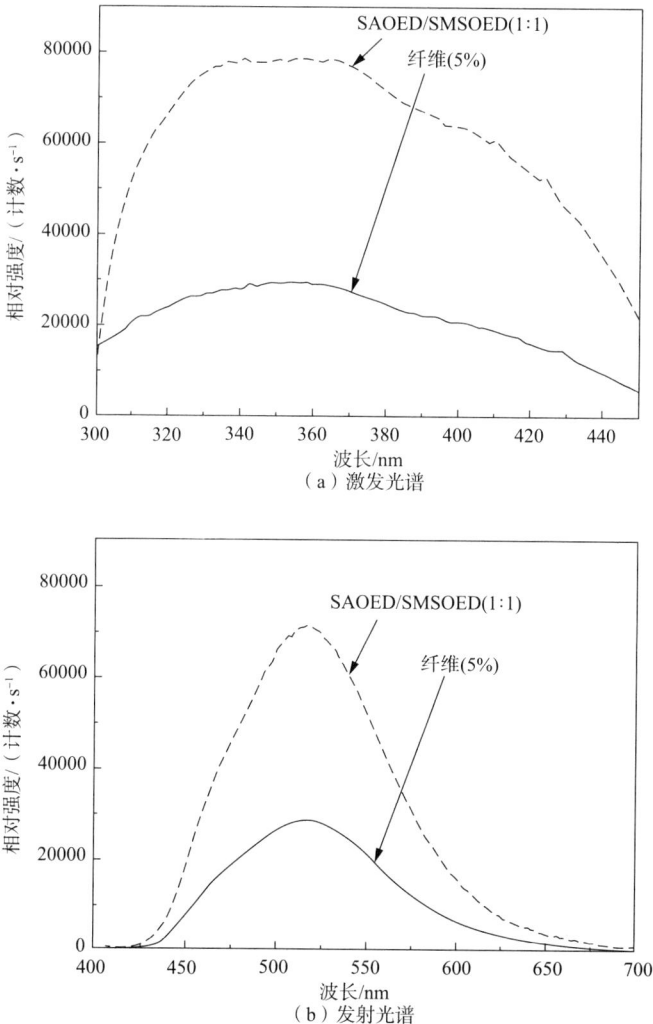

图9-3　SAOED/SMSOED（1∶1）和纤维（5%）的光谱特征

量低以及纤维基材对发射和激发光强度的减弱有关，也可能与纤维纺丝参数影响纤维空隙的填充有关。之前的研究表明，光谱指纹防伪纤维的激发和发射过程是复杂的，在这个过程中，激发和发射的光子经过多次反射、吸收和折射，形成了纤维的最终发射。纤维基材不仅降低了激发光子的能量（该能量促使稀土发光材料的电子跃迁），也削弱了激发光子的能量（该能量促使纤维的发光）。如上面的SEM分析所述，纤维是在没有进一步拉伸的情况下制备的，非晶态区域占了成型PAN纤维的很大比例，这对纤维的光学性能产生了不利的影响。因此，纤维的发射强度低于纯发光混合物。

四、不同稀土发光材料添加量制备的光谱指纹防伪纤维的发射光谱特征

图9-4为不同SAOED/SMSOED混合比例下的光谱指纹防伪纤维的发射光谱。随着SAOED/SMSOED混合比例的变化，五种纤维的发射光谱也发生了有规律、显著的变化，如图9-4所示。这表明，通过改变所使用的稀土发光材料的混合比例，可以制备出不同光色的光谱指纹防伪纤维。就发射波长而言，添加混合比为1∶0，1∶1，1∶2，1∶3和0∶1的SAOED/SMSOED混合体制备的纤维样品的发射峰分别位于522nm、514nm、502nm、478nm和472nm，发光中心纤维的这些发射峰位于单发光中心的两种纤维之间。在发射强度方面，不同纤维的发射强度呈现出纤维（1∶0）>纤维（1∶1）>纤维（1∶2）>纤维（1∶3）>纤维（0∶1）。光谱指纹防伪纤维的发光主要来源于分散纤维中的发光材料，所用发光材料的发光特性对纤维的发光特性有决定性的影响。前期研究表明，不同色光的稀土发光材料混合后产生叠加效应和荧光能量传递效应，表现为发光波长和发射强度的叠加和增强。由图9-4的分析可知，纤维样品所呈现的发光变化规律与SAOED/SMSOED混合物的浅色混合规律基本相似，说明纤维基材基本不会破坏发光混合物的光色。可以看出，通过控制稀土

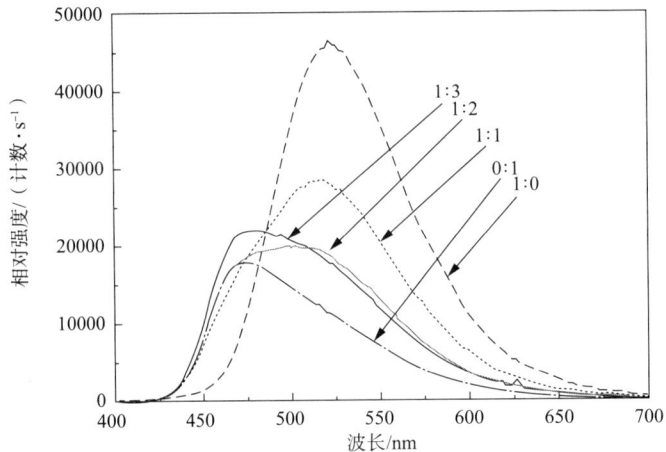

图9-4　SAOED/SMSOED（1∶1）和不同添加量防伪纤维的发射光谱

发光材料的混合比例，可以实现光谱指纹防伪纤维发射波长的红移或蓝移。在确定纤维制备配方并保密的条件下，纤维的发射光谱曲线是独特的，难以被破译或仿制。这说明了制备和使用含有多种稀土发光材料的防伪纤维的可行性。

五、色度图

图9-5为不同SAOED/SMSOED混合比例的光谱指纹防伪纤维的CIE色度图。从图9-5可以清楚地看出，随发光材料混合比的变化，纤维的发光颜色也表现出连续的变化规律，表现为双发光中心光谱指纹防伪纤维的光色坐标位于两种单发光中心纤维之间。众所周知，物体的颜色是由人眼通过视网膜成像来识别的。也就是说，当物体的颜色相似时，人眼将无法清楚地分辨出颜色之间的细微差别。通过专用的测量仪器得到的色度图和发射光谱可以更准确地描述纤维的颜色和发光特性的差异。因此，光谱指纹防伪纤维用来防伪时，通过人眼观察纤维的发光颜色只能作为防伪识别的辅助手段。

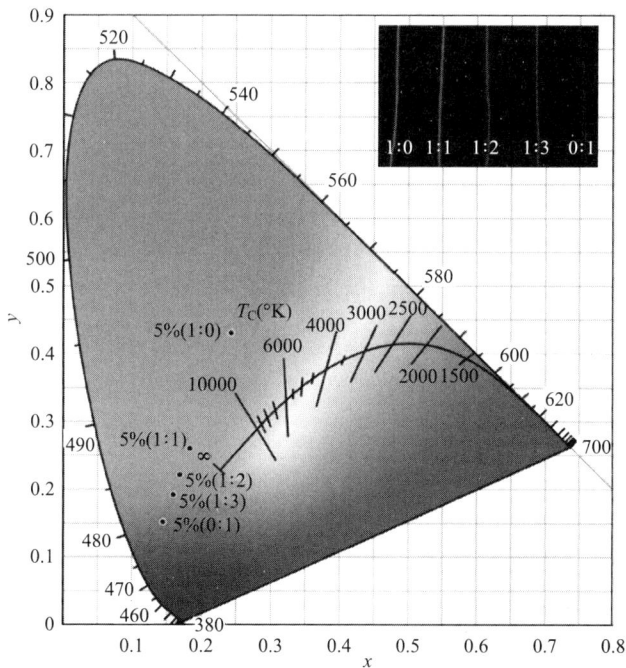

图9-5　不同SAOED/SMSOED混合比例的光谱指纹防伪纤维的CIE色度图

六、余辉特性

图9-6为不同SAOED/SMSOED比例混合制备的纤维衰减曲线。由图9-6可以看出，不同组分的纤维样品的衰减规律相似，但余辉初始亮度不同，呈现出纤维（1∶0）>纤维

（1：1）>纤维（1：2）>纤维（1：3）>纤维（0：1）。这与如上所述，用于制备纤维的发光中心的发光特性有关。另外，经过测试，每个样品的初始亮度衰减到人眼可以观察到的最小亮度$0.32mcd/m^2$，最小余辉时间为7.5h，这意味着纤维可以持续发光很长时间。

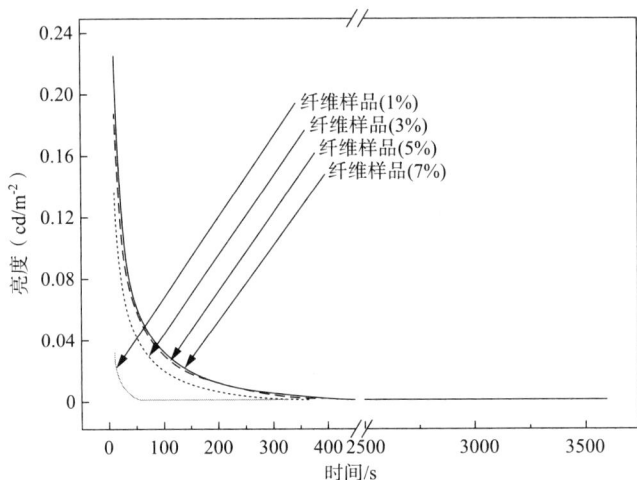

图9-6　不同SAOED/SMSOED比例混合制备的纤维衰减曲线

七、防伪应用案例

图9-7给出了一种具有光谱指纹识别功能的复合防伪织物。如图9-7所示，织物样品具有以下特点：特定纤维细度，特定的组织结构、线数和紧密度，特定的发光颜色，精确的光学颜色坐标，独特的发射光谱曲线。由此可见，该织物集大众防伪特性和专家防伪特性于一体。通过改变纤维的制备材料和工艺，改变纤维在织物中的排列和组合，改变组织结构（如斜纹织物、缎纹织物、变色织物等），改变织物的纱线支数和紧度等，可以得到

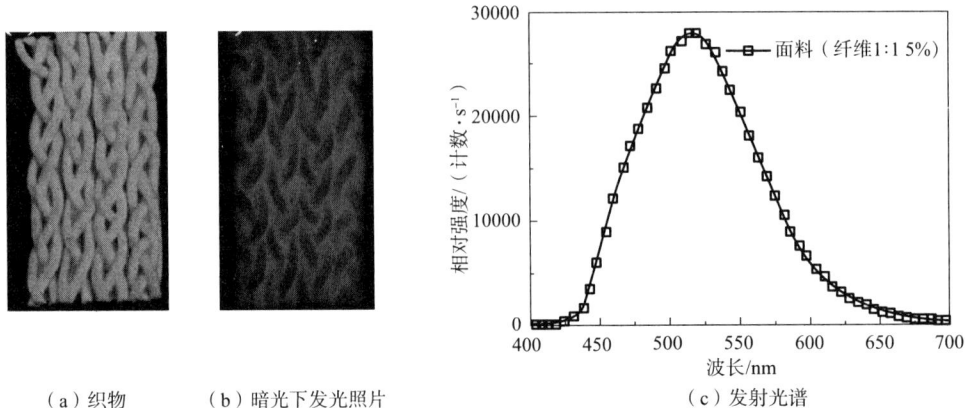

（a）织物　　　（b）暗光下发光照片　　　（c）发射光谱

图9-7　纤维织物防伪识别特征

具有不同结构和发光特性的织物。在纤维制造配方、织物材料组成和织造工艺都处于确定性和保密性的情况下，织物具有独特的防伪识别特征，难以仿制。布料可以做成一个安全标签，附加产品，如葡萄酒标签，也可以固定产品，如服装品牌，也可以设计成适当的基于特定产品特性应用模式。

本章小结

以SAOED/SMSOED混合体为发光中心，PAN为基体，采用湿法纺丝的方法制备了双发光中心的光谱指纹防伪纤维。

（1）双发光中心混合物随机分散在纤维基材内部和表面。由于纺丝的原因，发光材料在纤维中团聚，且纤维中存在大量的气泡空腔。这对纤维的发光谱线特征有影响，原因在于采用的纺丝工艺。

（2）与纯稀土发光材料相比，光谱指纹防伪纤维的发射波长没有明显变化，但两种稀土发光材料的混合比例和添加量的变化对纤维的发光谱线有较大的影响。这说明双中心光谱指纹防伪纤维保持了光谱指纹防伪纤维的基本防伪特性。

通过双中心光谱指纹防伪纤维的成功制备证实了混合添加稀土发光材料是一种制备多彩色光谱指纹防伪纤维的可行方法。未来的研究可以继续优化纺丝工艺，优化和改善纤维内部结构，制造出发光性能更加优良的纤维产品。

参考文献

［1］刘小春.假货治理亟需顶层设计与制度合力［J］.中国对外贸易,2019（3）:28–31.

［2］谢小刚.从根源上杜绝假冒伪劣侵害农民［N］.陕西日报,2018–11–05.

［3］徐建华.将打击侵权假冒进行到底［N］.中国质量报,2017–06–05.

［4］游春亮.制售假劣案件呈上升趋势［N］.法制日报,2012–3–17.

［5］Li L. Technology designed to combat fakes in the global supply chain［J］. Business Horizons, 2013（56）: 167–177.

［6］Guan Y J, Wang J C, Hu J, et al. Pathway to keep seed security: the application of fluorescein to identify true and fake pelleted seed in tobacco［J］. Industrial Crops and Products, 2013, 45（2）: 367－372.

［7］周立权.基于物联网的产品溯源和防伪应用技术［J］.通信与信息技术,2018（5）:34–36.

［8］陈锡蓉.计算机激光全息防伪技术在烟包印刷中的应用［J］.激光杂志,2015（8）:51–53.

［9］卜宏建.防伪技术［M］.郑州:河南大学出版社,1998.

［10］卜宏建,苏海涛.现代防伪技术的特点［J］.标准化报道,1997（5）:3.

［11］Pucherta T, Lochmannb D, Menezesc J C, et al. Near–infrared chemical imaging（NIR–CI）for counterfeit drug identification–A four–stage concept with a novel approach of data processing（Linear Image Signature）［J］. Journal of Pharmaceutical and Biomedical Analysis, 2010（51）: 138－145.

［12］Hohberger C, Davis R, Briggs, et al. Applying radio–frequency identification（RFID）technology in transfusion medicine［J］. Computers in Industry, 2011, 62（7）: 708–718.

［13］Chen L, Zhang Y, Luo A Q, et al. The temperature–sensitive luminescence of（Y,Gd）VO$_4$: Bi^{3+},Eu^{3+} and its application for stealth anti–counterfeiting［J］. Physica Status Solidi–Rapid Research Letters, 2012, 6（7）: 321–323.

［14］徐胜林.国外防伪技术的应用及发展［J］.中国防伪报道,2003（1）:189–191.

［15］刘尊忠.防伪印刷与应用［M］.北京:印刷工业出版社,2008.

［16］刘秘.隐含磁码防伪技术［J］.中国防伪报道,2000（10）:65-72.

［17］Robert L, Shanmugapriya T. A Study on digital watermarking techniques［J］. International Journal of Recent Trends in Engineering,2009,1（2）: 223-225.

［18］Hisato Nagashima. A novel half-Tone screening for anti-counterfeiting［J］. Journal of Printing Science and Technology,2004,41（4）: 217-223.

［19］杨靖华.防伪技术与印刷技术应密切结合［J］.中国防伪报道,2003（3）:9-12.

［20］Singh V K, Singh A. K. Dual level digital watermarking for images［J］. AIP Conference Proceedings, 2010,1324（1）: 284-287.

［21］Aggeliki G, Konstantinos P, Konstantinos B, et al. Using digital watermarking to enhance security in wireless medical image transmission［J］. Telemedicine and E-Health,2010, 16（3）: 306-311.

［22］倪兴元、张志华、魏建东、等. 具有纳米结构的TiO_2透明激光全息防伪薄膜［J］.真空科学与技术学报, 2004（z2）:38-41.

［23］崔璐、杨君顺.浅析全息影像技术及其应用［J］.美与时代, 2009（9）:115-117.

［24］He X M, Wan C R. Manufacture of anti-bogus label by track-etching technique［J］. Radiation Measurements, 2006（41）: 120-122.

［25］段瑞斌、黄颖为.二维图像组合防伪技术的研究［J］.包装工程, 2007,28（12）:64-65.

［26］高珊珊、宋晓明.数码防伪技术［J］.广东印刷,2009（2）:47-48.

［27］Choi S H, Poon C H. An RFID-based anti-counterfeiting system［J］. IAENG International Journal of Computer Science,2008,35（1）: 80-91.

［28］张伟、徐研.基于RFID的射频防伪系统［J］.计算机与数字工程,2011, 39（4）:191-193.

［29］Cheung H H, Choi S H. Implementation issues in RFID-based anti-counterfeiting systems［J］. Computers in Industry, 2011,62（7）: 708-718.

［30］李瑞、孟迪.防伪油墨——防伪技术领域的主力军［J］.印刷世界, 2010（6）:34-36.

［31］徐飞、于慧、吴启南、等.电化学技术在中药质量控制方面的研究进展［J］.南京师大学报（自然科学版）,2011,34（4）:77-82.

［32］Wang M, Sean A Vail, Amy E Keirstead, et al. Preparation of photochromic poly（vinylidene fluoride-co-hexafluoropropylene）fibers by electrospinning［J］. Polymer, 2009（50）: 3974-3980.

［33］Neebe M, Rhinow, Schromczyk N, et al. Thermochromism of bacteriorhodopsin and its pH dependence［J］. Journal of Physical Chemistry B, 2008,112（23）: 6946-6951.

［34］Guan Y J, Hu J, Li Y P, et al. A new anti-counterfeiting method: fluorescent labeling by safranine T in tobacco seed［J］. Acta Physiologiae Plantarum,2011,33（4）: 1271-1276.

［35］Zhao M, Xi P, Gu X H, et al. Synthesis, characterization and fluorescence properties of a novel rare earth complex for anti-counterfeiting material［J］. Journal of Rare Earths, 2010,28（s1）: 75-78.

［36］刘秋君，高磊，王雷，等.新型吡唑啉类荧光化合物的合成及光谱分析［J］.光谱学与光谱分析杂志,2009（10）:2810-2814.

［37］王芳.生物防伪技术及其应用［J］.中国防伪报道,2011（7）:57-60.

［38］Han C C, Cheng H L, Lin C L, et al. Personal authentication using palmprint features［J］. Pattern Recognition, 2003,36（2）: 371-381.

［39］代亮亮,李传富,周保琢,等.指纹识别技术在电子病历系统中的应用［J］.中国医疗器械杂志,2009,33（3）:172-175.

［40］王志刚,吴建新.DNA甲基转移酶分类、功能及其研究进展［J］.遗传,2009（9）:903-912.

［41］Anil K Jain, Arun Ross , Salil Prabhakar. An introduction to biometric recognition［J］. IEEE Trans. on Circuits and Systems for Video Technology, 2004,14（1）: 4-20.

［42］张玉勇,常月,柴雅琴,等.新型电化学条形码量子点的合成研究［J］.分析化学,2009,37（A03）:158-159.

［43］孙鹏,杨洪臣.基于生物特征识别的数字水印防伪技术［J］.警察技术,2011（4）:20-22.

［44］Lee R A. Micro-technology for anti- counterfeiting［J］. Microelectronic Engineering, 2000（53）: 513-516.

［45］孙宾宾,杨博,王明远.光致变色功能纤维的制备方法及研发趋势［J］.甘肃科技,2011,27（2）:64-66.

［46］张焱,陆春华,许仲梓.光学功能纤维的现状及其发展趋势［J］.材料导报,2005,19（11）:31-34.

［47］万震,王炜,谢均.光敏变色材料及其在纺织品上的应用［J］.针织工业,2003（6）:87- 89.

［48］冯社永,倪恨美,梁春梅,等.光敏变色聚丙烯纤维的研究［J］.合成纤维,1998,27（5）:20-24.

［49］杨佳庆,顾利霞.热敏变色纤维材料［J］.合成技术与应用,1998,13（4）:23-26.

［50］Kyo.Nosse. The fibres development sicience［J］. Textile Month, 1992（16）: 16-18.

［51］孟婕,孙诚,王建清,等.铕配合物对胶印荧光防伪油墨荧光性能的影响［J］.包装工程,2012（7）:21-23,117.

［52］Fuentes F F, Martinez E A, Hinrichsen P V. Assessment of genetic diversity patterns in Chilean quinoa（Chenopodium quinoa Willd）germplasm using multiplex fluorescent microsatellite markers［J］. Conservation Genetics, 2009,10（2）: 369-377.

［53］Li J F, Bai G, Lin P H, et al. Syntheses of some organic fluorescent dyes for security tickers［J］. Chemical Research in Chinese University, 2004,20（2）: 216-220.

［54］王艳忠,黄素.荧光防伪纤维的制造方法及其应用［J］.合成纤维,2009,29（4）:20-22.

［55］龚静华,黄素萍,秦伟.双波长荧光防伪纤维的研究［J］.上海纺织科技,2002,30（5）:14-15.

［56］黄素萍,龚静华.双波长荧光复合纤维及其制造方法和应用:中国，1412355［P］.2003-04-23.

［57］孙显林.激发光光角变化致荧光纤维变色的防伪纤维及防伪材料:中国,101519857［P］.2009-09-02.

［58］Li Z R，Xi P, Zhao M. Preparation and characterization of rare earth fluorescent anti-counterfeiting fiber via sol-gel method［J］. Journal of Rare Earths, 2010,28（S1）: 211-214.

［59］董相廷, 秦菲, 于文生, 等. 一种制备掺铕Y4Al2O9红色发光纳米纤维的方法: 中国, 102605469A［P］. 2012-07-25.

［60］王蓉, 刘亚军, 李祖发, 等. 聚乳酸荧光防伪纤维的制备及其性能［J］. 功能高分子学报,2014,27（4）: 408-412.

［61］徐园园, 杨革生, 张慧慧, 等. 紫外、红外双波长荧光防伪纤维的制备及性能［J］. 高分子材料科学与工程,2017,33（7）: 161-166.

［62］孙显林. 一种波浪状防伪纤维及其含有该防伪纤维的纸和纸板: 中国, 201671016U［P］. 2010-12-15.

［63］翼德. 俄罗斯研制出防伪纤维［J］. 纺织装饰科技,2011（4）: 22.

［64］李晓伟, 张敏, 李策, 等. 一种复合防伪纤维: 中国, 1763311［P］. 2006-04-26.

［65］日商开发出可刻文字和图案的新型防伪纤维［J］. 江苏纺织, 2003（7）: 30.

［66］高波, 陈文源, 杨崇倡. 三组分复合防伪纤维组件设计研究［J］. 合成纤维工业, 2013, 36（2）: 58-60.

［67］张技术, 葛明桥. 光谱指纹防伪纤维的制备方法及其防伪原理［J］. 纺织学报, 2011,32（6）: 7-11.

［68］Zhang J S, Ge M Q. A study of an anti-counterfeiting fiber with spectral fingerprint characteristics［J］. Journal of The Textile Institute, 2011,102（9）: 767-773.

［69］LI J G，KEGAMIT，LEE J H，et al. A wet-chemical process yielding reactive magnesium aluminate spinel（MgAl2O4）powder［J］.Ceramics International，2001（27）: 48l-489.

［70］Palilla F C, Luvine A X, Tomkus M R. Fluorescent properties of alkaline earth aluminatesof the type MAl$_2$O$_4$ activated by divalent europium［J］. Journal of Electro Chemical Society,1968,115（6）: 642-648.

［71］肖志国. 蓄光型发光材料及其制品［M］. 2版.北京: 化学工业出版社, 2005.

［72］宋庆梅、陈暨跃. 铝酸锶铕的合成与发光的研究［J］. 发光学报, 1991,12（2）: 144-149.

［73］张天之、苏锵. MAl$_2$O$_4$: Eu^{2+},Dy^{3+}长余辉发光性质的研究［J］. 发光学报, 1999（2）: 171-175.

［74］松尺隆嗣, 等. 日本第248回荧光体同学会讲演予稿.1993.1: 1.

［75］Matusuazawa T, AokiY, Takeuchi N, et al. A new long phosphorescent phosphor with high brightness SrAl$_2$O$_4$: Eu^{2+},Dy^{3+}［J］. Journal of Electro Chemical Society,1996,143（8）: 2670-2675.

［76］Kamada M, Murakami J, Ohno N. Excitation spectra of a long-persistent phosphor SrAl$_2$O$_4$: Eu,Dy in vacuum ultraviolet region［J］. Journal of Luminescence,2000（76-77）: 424-428.

［77］Huang P, Cui C E, Hao H Z. Eu, Dy co-doped SrAl$_2$O$_4$ phosphors prepared by sol-gel-combustion processing［J］. Journal of Sol-gel Science and Technology,2009,50（3）: 308-313.

［78］Shafia E, Bodaghi M, Tahriri M. The influence of some processing conditions on host crystal structure and phosphorescence properties of SrAl$_2$O$_4$: Eu^{2+}, Dy^{3+} nanoparticle pigments synthesized by combustion technique [J]. Current Applied Physics,2010,10（2）: 596–600.

[79] Qiu G M, Chen Y J, Geng X J, et al. Synthesis of long aferglow phosphors MAl$_2$O$_4$: Eu^{2+}, Dy^{3+}（M=Ca,Sr,Ba） by microemulsion method and their luminescent properties [J]. Journal of Rare Earths, 2005,10（23）: 629–632.

[80] 袁赵欣, 常程康, 毛大立. H$_3$BO$_3$对化学共沉淀法制备 Sr$_4$Al$_{14}$O$_{25}$: Eu^{2+},Dy^{3+}的影响 [J]. 功能材料, 2004, 35（1）: 94–96.

[81] 宋会花, 刘文芳, 高元哲. SrAl$_2$O$_4$: Eu^{2+}, Dy^{3+}长余辉发光材料的微波合成及其发光特性 [J]. 人工晶体学报, 2008, 37（2）: 327–331.

[82] 宋洁, 徐晓, 张娜, 等. 水热法合成 Sr$_4$Al$_{14}$O$_{25}$: Eu^{2+},Dy^{3+}长余辉发光材料及性能研究 [J]. 中国稀土学报,2011,29（1）: 82–87.

[83] Xiao L Y, Xiao Q, Liu Y L, et al. A transparent surface–crystallized Eu^{2+},Dy^{3+} co–doped strontium aluminate long–lasting phosphorescent glass–ceramic [J]. Journal of Alloys and Compounds,2010,495（1）: 72–75.

[84] Kim J S, Sohn K S, Kwon Y N. Detection of crack propagation in Alumina using SrAl$_2$O$_4$: Eu,Dy Lluminescent paint [J]. Journal of Alloys and Compounds,2007,539（3）: 2264–2268.

[85] Ge M Q, Guo X F, Yan Y H. Preparation and study on the structure and properties of rare–earth luminescent fiber [J]. Textile Research Journal,2012,82（7）: 677–684.

[86] 昝昕武, 冯斌, 符欲梅, 等. 长余辉发光材料在传感方面的应用 [J]. 传感器与微系统,2009, 28（5）: 8–11.

[87] 李卫珍, 吴鸣, 徐燃霞, 等. 稀土铝酸锶夜光材料的制备工艺 [J]. 江南大学学报（自然科学版）, 2009（3）: 340–344.

[88] 姜洪义, 徐博. 高温固相法制备硅酸盐长余辉发光材料 [J]. 硅酸盐学报.2006,9（34）: 1154–1157.

[89] 张希艳, 卢利平, 柏朝晖, 等. 稀土发光材料 [M]. 北京: 国防工业出版社,2005.

[90] Poort S H M, Blokpoel W P, Blasse G. Luminescence of Eu^{2+} in barium and strontium aluminate and gallate[J]. Chemistry of Materials,1995（7）: 1547–1551.

[91] Peng M Y, Pei Z W, Hong G Y, et al. Study on the reduction of Eu^{3+}→Eu^{2+} in Sr$_4$Al$_{14}$O$_{25}$: Eu prepared in air atmosphere [J]. Chemical Physics Letters,2003（371）: 1–6.

[92] Ryu H, Bartwal K S. Defect structure and its relevance to photo luminescence in SrAl$_2$O$_4$: Eu^{2+}, Nd^{3+} [J]. Physica B, 2009（404）: 1714–1718.

[93] Haranath D, ShankerV, Chander H, et al. Studies on the decay characteristics of strontium aluminate phosphor on thermal treatment [J]. Materials Chemistry and Physics,2003,78（1）: 6–10.

[94] Lee S H, Koo H Y, Jung D S, et al. Effects of BaF$_2$ flux on the properties of yellow–light–emitting terbium

aluminum garnet phosphor powders prepared by spray pyrolysis [J]. Optical Materials, 2009 (31):
870–875.

［95］沈毅, 张平, 郑振太, 等. 不同添加剂对 $SrAl_2O_4$:（Eu,Dy）磷光体发光性能的影响 [J]. 硅酸盐学
报, 2006,34（10）: 1177–1180.

［96］Chen J T, Gu F, Li C Z. Influence of Precalcination and boron–doping on the initial photoluminescent
properties of $SrAl_2O_4$: Eu,Dy phosphors [J]. Crystal Growth and Design,2008,8（9）: 3179–3175.

［97］杨志平, 徐小岭, 熊志军, 等. B_2O_3 对 $SrAl_2O_4$: Eu;Dy 材料热释光谱和长余辉性能的影响 [J]. 功能
材料与器件学报,2007,13（2）: 129–133.

［98］林元华, 唐子龙, 张中太, 等. 不同添加剂对 $Sr_4Al_{14}O_{25}$: Eu, Dy 长余辉光致发光性能的影响 [J]. 硅
酸盐学报,2001,29（3）: 218.

［99］王光辉, 梁小平, 顾玉芬. 硼酸掺量对 $SrAl_2O_4$ 长余辉发光材料的发光性能影响 [J]. 光谱学与光
谱分析,2008,28（5）: 1020–1022.

［100］许少鸿. 固体发光 [M]. 北京: 清华大学出版社,2011.

［101］张中太, 张俊英. 无机光致发光材料 [M]. 2 版. 北京: 化学工业出版社, 2011.

［102］张平, 徐明霞, 沈毅, 等. Eu^{2+} 对纳米 $SrAl_2O_4$: Eu,Dy 发光性能的影响 [J]. 中国稀土学报, 2005,23
（s1）: 12–15.

［103］Lü X D, Shu W G. Roles of crystal defects in the persistent luminescence of Eu^{2+}, Dy^{3+} co–doped
strontium aluminate based phosphors [J]. Rare Metals, 2007, 26（4）: 305–310.

［104］吕兴栋, 舒万艮. $SrAl_2O_4$: Eu^{2+}, Dy^{3+} 晶格点缺陷的形成及其在发光材料中的作用 [J]. 无机化学
学报, 2006,22（5）: 808–812.

［105］栾林, 郭崇峰, 黄德修. 锶铝比例对铝酸锶长余辉发光材料性能的影响 [J]. 无机材料学报,
2009,24（1）: 53–56.

［106］吕兴栋, 舒万艮, 方勤. 基质组成对 $xSrO·yAl_2O_3$: Eu^{2+}, Dy^{3+} 发光性能的影响 [J]. 稀有金属材料
与工程, 2007（1）: 63–67.

［107］吕兴栋, 舒万艮, 黄可龙. SrO/ Al_2O_3 比率对 $SrAl_2O_4$: Eu,Dy 发光性能的影响 [J]. 发光学
报,2004,25（6）: 673–677.

［108］吕兴栋. 铝酸锶长余辉发光材料的超细粉体制备、构效关系及其应用研究 [D]. 长沙: 中南大
学,2005.

［109］Tian Y, Zhang P, Zheng Z, et al. A novel approach for preparation of $Sr_3Al_2O_6$: Eu^{2+}, Dy^{3+} nanoparticles
by Sol–Gel–microwave processing[J]. Material Letters, 2012（73）: 157–160.

［110］Li K, Chen D, Zhang R, et al. Eu^{2+}: $SrMg_{1-x}Mn_xP_2O_7$（x=0–1）Phosphors with tunable Yellow–Red
emissions [J]. Journal of Alloys and Compounds, 2013（555）: 45–50.

［111］Mohammadi A, Ganjkhanlou Y, Moghaddam A B, et al. Synthesis of nanocrystalline Y_2O_3: Eu phosphor
through different chemical methods: studies on the chromaticity dependence and phase conversion [J].

Nano–Micro Letters, 2012, 7（6）: 515–518.

[112] Li Y N, Xiao Z, Xu L H, et al. Fluorescence enhancement mechanism in phosphor CaAl$_{12}$O$_{19}$: Mn^{4+} modified with Alkali–Chloride [J]. Nano–Micro Letters, 2013, 8（5）: 254–257.

[113] Qiu Z, Luo T, Zhang J, et al. Effectively enhancing blue excitation of red phosphor Mg$_2$TiO$_4$: Mn^{4+} by Bi^{3+} sensitization [J]. Luminescence, 2015（158）: 130–135.

[114] Sun H, Zhang Q, Wang X, et al. Bi$^{0.5}$Na$^{0.5}$TiO$_3$: Eu^{3+}: An Intense blue converting red phosphor [J]. Material Letters, 2014（131）: 164–166.

[115] Lenaerts P , Driesen K, Van Deun R, et al. Covalent coupling of luminescent tris（2–thenoyl trifluoroacetonato）lanthanide（Iii）complexes on a merrifield resin [J]. Chemistry of Materials, 2005,17（8）: 2148–2154.

[116] Lenaerts P, Storms A, Mullens J,et al. Thin films of highly luminescent lanthanide complexes covalently linked to an organic–inorganic hybrid material via 2–Substituted Imidazo 4,5–F –1,10–Phenanthroline Groups [J]. Chemistry of Materials, 2005,17（20）: 5194–5201.

[117] Ghanbari M, Ansari F, Salavati–Niasari M, et al. Simple synthesis–controlled fabrication of thallium cadmium iodide nanostructures via a novel route and photocatalytic investigation in degradation of toxic dyes [J]. Inorganica Chimica Acta, 2017（455）: 88–97.

[118] Amiri O, Mir N, Ansari F, et al. Design and fabrication of a high performance inorganic tandem solar cell with 11.5% conversion efficiency [J]. Electrochimica Acta, 2017（252）: 315–321.

[119] Nazari P, Ansari F, Nejand B A, et al. Physicochemical interface engineering of CuI/Cu as advanced potential hole–transporting materials/metal contact couples in hysteresis–free ultralow–cost and large–area perovskite solar cells [J]. Journal of Physical Chemistry C, 2017, 121,（40）: 21935–21944.

[120] Salehabadi A, Sarrami F, Salavati–Niasari M, et al. Dy$_3$Al$_2$（AlO$_4$）$_3$ ceramic nanogarnets: Sol–Gel Auto–combustion Synthesis, characterization and joint experimental and computational structural analysis for electrochemical hydrogen storage performances [J]. Journal of Alloys and Compounds, 2018（744）: 574–582（2018）.

[121] Das S, Manam J, Sharma S K. Role of rhodamine–B dye encapsulated mesoporous SiO$_2$ in color tuning of SrAl$_2$O$_4$: Eu^{2+}, Dy^{3+} composite long lasting phosphor [J].Journal Mater Science–Mater Electronics,2016,27（12）: 13217–1322.

[122] Zhu Y N, Pang Z Y, Wang J, et al. Research on the afterglow properties of red–emitting phosphor: SrAl$_2$O$_4$: Eu^{2+}, Dy^{3+} /light conversion agent for red luminous fiber [J]. Journal Mater Science–Mater Electronics, 2016,27（7）: 7554–7559.

[123] Okram R, Singh N R, Singh A M. Simple preparation of Eu^{3+}–Doped LaVO$_4$ by ethylene glycol route: a luminescence study [J]. Nano–Micro Letters, 2011,6（3）: 165–169.

[124] Zhu Y N, Ge M Q. Study on the energy transfer efficiency from SrAl$_2$O$_4$: Eu^{2+}, Dy^{3+} to light conversion

agent of red-emitting phosphor: SrAl$_2$O$_4$: Eu^{2+}, Dy^{3+} /light conversion agent [J]. Material Letters, 2016（182）: 173-176.

[125] Zhu Y N, Ge M Q. Effect of light conversion agent on the luminous properties of rare earth strontium aluminate luminous fiber [J]. Journal of Materials Science-Materials in Electronics, 2016,27（1）: 580-586.

[126] Ansari F, Sobhani A, Salavati-Niasari M. Simple Sol-Gel synthesis and characterization of new CoTiO$_3$/CoFe$_2$O$_4$ nanocomposite by using liquid glucose, maltose and starch as fuel, capping and reducing agents [J]. Journal of Colloid and Interface Science, 2018（514）: 723-732.

[127] Mahdiani M, Soofivand F, Ansari F, et al. grafting of CuFe$_{12}$O$_{19}$ nanoparticles on CNT and graphene: eco-friendly synthesis, characterization and photocatalytic activity [J]. Journal of Cleaner Production, 2018（176）: 1185-1197.

[128] Qi T, Xia H, Zhang Z, et al. Improved water resistance of SrAl$_2$O$_4$: Eu^{2+}, Dy^{3+} phosphor directly achieved in a water-containing medium [J]. Solid State Sciences, 2017（65）: 88-94.

[129] HajimeY and Takashi M. Mechanism of long phosphorescence of SrAl$_2$O$_4$: Eu^{2+}, Dy^{3+} and CaAl$_2$O$_4$: Eu^{2+}, Nd^{3+}[J]. Journal of Luminescence, 1997（72）: 287-242.

[130] Mao Q N, Li H, Ji ZG, et al. Influence of Eu^{2+} and Dy^{3+} concentrations on fluorescence and phosphorescence of Sr$_2$MgSi$_2$O$_7$ Phosphors. Journal of Inorganic Materials, 2016（31）: 819-822.

[131] 杨志平，郭智，王文杰，朱胜超. Y$_2$O$_2$S: Eu^{3+}, Mg^{2+}, Ti^{4+} 红色材料的制备和长余辉性能 [J].发光学报, 2004,25: 183-190.

[132] Yang F L, An W, Li H Y, et al. Influence of synthetic temperature and heating time on the luminescence behavior of M$_5$（PO$_4$）$_3$Cl: Eu^{2+},Mn^{2+}（M=Ca, Sr）phosphors [J]. Journal of Rare Earths, 2015,33（11）: 1129-1136.

[133] Wang N, Liu Z, Tong H, et al.Preparation of Gd$_2$O$_2$S: Yb^{3+}, Er^{3+}, Tm^{3+} sub-micro phosphors by sulfurization of the oxides derived from sol-gel method and the upconversion luminescence properties [J].Materials Research Express 2017（4）: 076205.

[134] Luan L, Guo C F, Huang D X. Effect of Al/Sr ratio on properties of strontium aluminate long lasting phosphor [J]. Journal of Inorganic Materials,2009, 24（1）: 53.

[135] 刘光华.稀土材料及应用技术 [M].北京：化学工业出版社，2005.

[136] Anthony E. Siegman. Lasers [M]. Sausalito: University Science Books,1985.

[137] George B.Arfken/David. University physics [M]. NewYork: Academic Press, 2012.

[138] Yu X, Zhou C, He X, et al. The influence of some processing conditions on luminescence of SrAl$_2$O$_4$: Eu^{2+} nanoparticles produced by combustion method [J]. Material Letters,2004（58）: 1087-1091.

[139] Lü X D, Shu W G, Qin F, et al. Roles of doping ions in persistent luminescence of SrAl$_2$O$_4$: Eu^{2+}, RE^{3+} phosphors [J]. Journal of Materials Science, 2007,42（15）: 6240-6245.

［140］张平，徐明霞，沈毅，等. Eu^{2+}对纳米$SrAl_2O_4$: Eu, Dy发光性能的影响［J］.中国稀土学报,2005,23（s2）：12–15.

［141］Clabau F, Rocquefelte X, Jobic S, et al. Mechanism of phosphorescence appropriate for the long–lasting phosphors Eu^{2+}–doped $SrAl_2O_4$ with codopants Dy^{3+} and B^{3+}［J］. Chemistry of Materials,2005（17），3904–3912.

［142］Shen Y,Zheng Z T, Zhang P, et al. Luminescent properties of $SrAl_2O_4$: Eu,Dy material prepared by combustion method［J］. Journal of Rare Earths,2006,24（S1）：33–36.

［143］Chen R, Wang Y H, Hu Y H, et al. Modification on luminescent properties of $SrAl_2O_4$: Eu^{2+},Dy^{3+} phosphor by Yb^{3+} ions doping［J］. Journal of Luminescence, 2008（128）：1180–1184.

［144］耿杰，吴召平，陈玮，等. $SrAl_2O_4$: Eu^{2+},Dy^{3+}发光粉体的长余辉特性研究［J］.无机材料学报，2003,3（18）：480–484.

［145］张玉军，尹衍升. Eu^{2+},Dy^{3+}共激活铝酸锶发光材料长余辉发光机理探讨［J］.人工晶体学报，2004,2（33）：67–70.

［146］赵淑金，林元华，张中太，等. Eu^{2+}离子在$Sr_2Al_6O_{11}$基磷光体中发光行为的研究［J］.无机材料学报,2003,1（18）：225–228.

［147］张瑞俭,宋桂玲. 发光体MAl_2O_4: Eu^{2+},RE^{3+}的长余辉机理［J］.光电子技,2003,23（1）：30–34.

［148］Qiu J R, Hirao K. Long lasting phosphorescence in Eu^{2+}–doped calcium aluminoborate glasses［J］. Solid State Communications,1998,106（12）：795–798.

［149］Mishra S B, Mishra A K, Revaprasadu N, et al. Strontium aluminate/polymer composites: morphology, luminescent properties,and durability［J］. Journal of Applied Polymer Science,2009,112（6）：3347–3354.

［150］Zhong H T, Dong, Y, Jiang J Q, et al. Effect of organic solvent and resin on luminescent capability of $SrAl_2O_4$: Eu^{2+}, Dy^{3+} phosphor［J］. Journal of Rare Earths 2006,24（2）：160–161.

［151］冯伊利.无机物的显色规律和原理［J］.青海师范大学学报（自然科学版），1999（4）：41–45.

［152］胡威捷，汤顺青，朱正芳. 现代颜色技术原理及应用［M］.北京：北京理工大学出版社，2007.

［153］李东平，缪春燕，刘丽芳，等. 燃烧法合成新型蓝色硅酸盐长余辉材料及其发光性能的研究［J］.稀有金属，2004（04）：662–665.

［154］董兴广. 干喷湿纺中凝固牵伸对碳纤维前驱体PAN初生纤维的影响［J］.广东化工，2011,38（8）：48–50.

［155］Chen J, Ge H, Liu H, Li G and Wang C. The coagulation process of nascent fibers in PAN wet–spinning［J］. Journal of Wuhan University of Technology–Materials Science Edition,2016（5）：200.

［156］Chai J and Wu Q. Electrospinning preparation and electrical and biological properties of ferrocene/poly（vinylpyrrolidone）composite nano fibers［J］. Beilstein Journal of Nano technology, 2013（4）：89.

［157］Xu Y, Song H, Yin S, et al. Combustion synthesis of $Sr_2MgSi_2O_7$ and $Sr_2ZnSi_2O_7$ insilicate afterglow phosphors activated by Eu²⁺, Dy³⁺ and Nd³⁺ [J]. Journal of South–Central University for Nationalitie, 2007（01）: 20.

[158] Jiang L, Chang C, Mao D, et al. A new long persistent blue–emitting Sr$_2$ZnSi$_2$O$_7$: Eu²⁺,Dy³⁺ prepared by sol–gel method [J]. Materials Letters, 2004（58）: 1825.

[159] Wang R, Liu Y, Li Z, et al. Preparation and properties of the fluorescent anti–counterfeiting poly （lacticacid）fibers [J]. Journal of Functional Polymers, 2014,27（4）: 408.

[160] Zhang J S and Ge M Q. Effect of polymer matrix on the spectral characteristics of spectrum–fingerprint anti–counterfeiting fiber [J]. The Journal of The Textile Institute, 2012，103（2）: 193.

[161] 汪晓峰，倪如青，刘强. 高性能聚丙烯腈基原丝的制备 [J]. 合成纤维,2000（4）: 23–27.

[162] Zhang B, Lu C X, Liu Y D, et al.The effect of the composition of the solution in the coagulation bath on the microstructures of hollow mesoporouspoly acrylonitrile fibers [J].New Carbon Mater,2019（34）: 44–50.

[163] Hassinen J, Hölsä J, Laamanen T, et al. Electronic structure of defects in Sr$_2$MgSi$_2$O$_7$: Eu²⁺,La³⁺ persistent luminescence material [J]. Journal of Non–Crystalline Solids, 2010, 356（37）: 2015–2019.

[164] Chen Y, Wang T L, Zhou T Y, et al. Ce³⁺–doped silicate–based down–conversion phosphors: investigationon synthesis, structure and photoluminescence properties [J]. Springer US, 2018,29（7）: 5573–5578.

[165] Ge H Y, Liu H S, Chen J. Microstructure of PAN precursor fiber sin wet–spinning [J]. Material Engineering, 2009（1）: 50–53（2009）.